U0091887

職人級蛋糕捲
技法全圖解

朴祇賢／著　余映萱／譯

Prologue

2016年10月是SHURAZCAKE甜點咖啡店的開幕日。初次營運一間店面時，想必每個人都擁有相似的心情吧！會在心底質疑「我可以做得好嗎？」好一陣子都被不安感籠罩，除了煩惱烘焙課程要教的菜單，還要思考店面的營運。每天充滿了無止盡的煩惱、糾結和選擇的時刻。

就這樣，七年過去了。就在我逐漸覺得自己脫離了「新手老闆」的身分後，出現了一個好機會，讓我得以開始著手撰寫自己的書。這本書是我過去多年來的經驗實錄，對於一直以來毫不停歇、只顧著往前衝的我而言，這本書就如同一份大禮物。我把在店裡深受歡迎的蛋糕菜單都放進書裡，除了內心感到十分悸動之餘，其實偶爾還是會產生「我有這樣的資格嗎？」的想法。

我經常跟烘焙課堂上的學生說，在烘焙時，最重要的是對食材的理解要夠深入。與其用許多份食譜做出各種蛋糕，不如拿著同一份食譜反覆製作十遍、二十遍，完全熟練到成為自己的拿手作品。為了讓讀者們都能夠掌握絕活，我花了許多心思，仔細地寫下書裡的每一份食譜。

希望大家不要害怕失誤。就像烘焙人常做的「甘納許」，不也是糕點學徒不小心失誤所擦出的意外火花嗎？（＊譯註）我想說，烘焙並沒有標準解答！固然要認真做，但大家不要過度煩惱唷！希望每個人在烘焙的過程中都能充滿喜悅和幸福感。這樣做出來的成品，也會如實地呈現出我們的心境。

誠摯地感謝出版社總編輯給我的機會，讓我彷彿中樂透那般興奮不已。也很感恩總是在我身邊支持我的家人。若我獨自一人，絕對無法有這般成果，也非常感謝SHURAZCAKE團隊在這麼漫長的時間裡陪伴我追夢。

＊譯註：甘納許的由來有一說是由一個和糕點師傅們一起工作的學徒，在製作巧克力的步驟中不小心倒進了過多的牛奶，當時師傅非常生氣，便罵了那個學徒「傻瓜」（甘納許在法語中是傻瓜的意思）。但是當老師品嘗了這個失敗品，卻發現味道意外的好，甘納許就這麼誕生了。

Contents

PREPARATION

ROLL CAKE RECIPE

01

03

開心果佐無花果蛋糕捲

048

04

抹茶紅豆蛋糕捲

058

05

蜂蜜南瓜蛋糕捲

070

06

焙茶拿鐵蛋糕捲

080

07

熱帶水果焦糖蛋糕捲

090

08

榛果摩卡蛋糕捲

104

09

黑巧克力蛋糕捲

118

10

提拉米蘇蛋糕捲

128

零基礎也學得會
職人級蛋糕捲

PREPARATION

了解基本工具與材料

工具

❶ 手持攪拌機

我喜歡使用對手腕不會造成負擔的輕盈手持攪拌機，尤其是沒有左右手之分的品牌，可以快速操作。使用攪拌機時，注意要儘量減少攪拌頭與容器之間的摩擦，才不會刮傷容器。攪拌機配速以五段為主，低速檔為1~2段，中速檔為3~4段，高速檔為5段。

❷ 直角烤盤

本書所有的蛋糕捲，都是使用長38cm、寬28cm、高5cm的直角烤盤。

❸ 蛋糕轉盤

用於裁切蛋糕體、塗抹奶油與糖霜時。蛋糕轉盤有標示中心點，方便蛋糕放在正中間。另外，推薦使用鋁合金蛋糕轉盤，旋轉起來較順暢且耐用，下方搭配橡膠底座，操作時會更加穩固。

❹ 圓形烤模

本書的蛋糕烤盤都是使用直徑18cm、高7cm的圓形烤模。若追求有效率的烘焙，可以使用高度較高的烤模，適合烘烤各式大小的蛋糕。圓形烤模分別有「一體式」，以及能跟底部拆開的「分離式」兩種，分離式方便分離冷硬蛋糕體，也適合用來烘烤起司蛋糕。

❺ 不鏽鋼攪拌盆

攪拌蛋黃主要使用小且深的U型攪拌盆，而混合麵粉與攪拌過的蛋黃，則建議使用普通大小的攪拌盆。

❻ 不鏽鋼烤盤

可以用來放小工具，也可以用在奶油或糖漬水果製作完畢時、需要分開放涼時使用。

❼ 擠花嘴

本書使用的擠花嘴型號可在介紹該蛋糕的頁數查看。擠花嘴使用完畢後，需要清除卡在空隙中的雜質，也要去除水氣並晾乾後再使用。

❽ 把手篩網／濾網

附有把手的篩網，方便支撐於烤模或鍋子上。篩網尺寸有大有小，準備方便使用的一般尺寸即可。

❾ 橡膠刮刀

可以平均混合烤模或鍋子的側邊跟底部的材料。刮刀有各種大小，建議使用耐熱溫度高的材質。混合奶油類時，建議使用柔軟有彈性的刮刀；混合麵糰或凝乳時，建議使用質地較堅硬的刮刀。

❿ 紅外線溫度計

可以輕鬆確認溫度，是方便易使用的工具，但有一個限制，就是只能偵測表面溫度。如果有泡沫覆蓋或是要知道內部材料溫度時，可以改用電子溫度計（探針式溫度計）測量。

⓫ 抹平刀

用於抹平奶油蛋糕上的糖霜。本書使用8吋抹平刀，若使用太長尺寸，會因為無法施力於抹平刀尾端而難以操作。

⑫ 角棒

按照角棒高度，可以裁切自己想要的蛋糕厚度。在製作奶油蛋糕時，主要使用0.5cm、1cm、1.5cm的角棒。

⑬ 烘焙紙

本書在烘烤蛋糕捲時，會按照直角烤盤大小剪裁烘焙紙使用。烘焙紙使用完畢，也可以洗淨擦乾後再重複使用，例如：可以鋪平於鐵盤上，烘烤餅乾用。

⑭ 蛋糕／麵包刀

用於整條蛋糕切片時，通常使用長度較長的50cm蛋糕刀。

⑮ 食品包裝紙

因為具有輕薄且不沾黏的特性，很適合用於包裝蛋糕捲。我選擇的是38×50cm尺寸的。

⑯ 圓形食品包裝紙

雖然可以裁剪成一般食品包裝紙使用,但在製作成品時,可以直接按照圓形烤模大小,裁剪成1、2、3號尺寸會更加方便。圓形包裝紙可以圍繞於圓形烤模側面,直接製作成品,也可以使用一般包裝紙,透過剪裁來符合烤模尺寸。另外,揉好的麵糰中油亮光滑部分,也可以使用圓形包裝紙包起來,再放到烤模當中。

(＊譯註:1號尺寸為直徑15cm;2號尺寸為18cm;3號尺寸為21cm。)

⑰ 蛋糕圍邊(PET塑膠圍邊)

用於維持蛋糕形狀,可以圍繞在圓形蛋糕側面,或是固定「德式蛋糕」外型時。

⑱ 長條蛋糕圍邊

用於圍繞長條蛋糕側面時。

⑲ 椰子模

用於塊狀蛋糕底面,要鋪墊圓形錫箔紙時。

材料

❶ 低筋麵粉

通常會使用低筋麵粉來製作糕點。低筋麵粉的蛋白質含量低、形成麩質的能力微弱，非常適合用來製作蛋糕。使用低筋麵粉等粉類食材時，容易結塊，因此請務必過篩後再使用。

❷ 雞蛋

雞蛋是掌握麵團風味的關鍵，建議使用新鮮雞蛋。以60g雞蛋來說，10g是蛋殼、20g是蛋黃、30g則是蛋白。此外，雞蛋具有遇熱凝固的「熱凝固性」、幫助食材攪拌均勻的「乳化作用」，以及形成氣泡的「起泡性」等。

❸ 奶油

透過讓牛奶的脂肪凝固製成。本書使用的是脂肪含量81%以上的無鹽奶油。此外，發酵奶油擁有特有的濃郁香氣，適合用來製作奶油含量高的烘焙糕點。至於要製作像傑諾瓦士蛋糕（海綿蛋糕）這種奶油含量不高的糕點時，建議使用一般的天然奶油。

❹ 鮮奶油

本書使用牛奶脂肪含量38%以上的動物性鮮奶油。在攪拌鮮奶油時會產生脂肪摩擦、導致口感變粗糙，所以建議要維持在10°C的低溫，也不要過度攪拌。若鮮奶油快過期了，就將鮮奶油製作成焦糖來延長保存期限吧！

❺ 果泥

將水果加入少量的糖來製成液體狀的果泥。平常可以放進冰箱冷凍保存。本書主要使用果泥來混合鮮奶油、增添鮮奶油的風味及色澤。

❻ 蜂蜜

蜂蜜擁有豐富的營養價值，甜度比一般砂糖多1.5倍，而且還有保水功能，食用起來口感濕潤、也容易烤出深棕色色澤。低溫保存的蜂蜜容易結晶，因此，在烘焙之前，可以先將結晶蜂蜜加熱還原後再使用。

❼ 馬斯科瓦多糖（Muscovado sugar）

是一種未經精製的蔗糖。比起白砂糖，質地更加濕潤黏膩、糖味層次也更加豐富。馬斯科瓦多糖又分成「黑糖」和「淡味糖」。黑糖的風味層次較為豐富，但使用起來容易結塊；淡味糖較不容易結塊、使用起來很方便，但風味的層次較不足。

❽ 玉米粉

玉米粉可以增加蛋糕鬆軟口感，用來製作卡士達時，也可以增添黏稠度和濕潤感。

⑨ 奶油乳酪

將牛奶發酵製成、質地滑順的生乳酪。味道微鹹、微酸。由於質地滑順，適合用來製作各種料理。使用奶油乳酪時，建議可以先攪拌過，再放進微波爐微波至柔軟的狀態。保存時，先充分密封後，再放進冰箱冷凍。在我們的店裡主要使用「法國頂級 Kiri 奶油乳酪」來製作糕點。

⑩ 馬斯卡彭起司

將鮮奶油的脂肪發酵後製成的起司。脂肪含量特別豐富。跟奶油乳酪不同的地方在於，奶油乳酪擁有鹹甜風味，馬斯卡彭起司則相對擁有較濃郁的脂肪香氣。馬斯卡彭起司主要用來製作提拉米蘇奶油，但也可以少量添加在「抹面奶油」裡使用。不適合放在高溫的環境，建議要維持冷藏溫度。在我們店裡主要使用「EMBORG牌」的產品。

⑪ 杏仁粉

將杏仁磨成粉狀製成的產品。可以添加在麵糊裡，增添風味和濕潤的口感。脂肪含量高，若沒有妥善冷藏，可能會產生堅果類特有的油耗味，因此，務必要密封後放進冷凍保存。推薦各位使用零添加的100%純杏仁粉，購買之前可以先確認製造日期和是否有加工過。在我們店裡主要使用「加利福尼亞杏仁粉」，但據說西班牙產的杏仁粉是最頂級的。

⑫ 黑芝麻粉、黑芝麻醬

將黑芝麻磨成粉狀的「黑芝麻粉」和製作成醬的「黑芝麻醬」，在市面上很容易購買到，也可以自製將芝麻放進食物攪拌機裡攪拌製成。在攪拌成黑芝麻粉時，要注意不要攪拌到出油。若攪拌到出油，就會變成黑芝麻醬。想製作質地更加柔順的芝麻醬時，建議添加芝麻油進去攪拌。將芝麻醬買回家時可能會發現有油物分層現象，建議要攪拌均勻後再使用。芝麻粉則跟黃豆粉一樣，建議先炒過之後再使用。

⑬ 黃豆粉

市售的黃豆粉種類眾多。建議先炒過黃豆粉之後再使用，才能散發出完整的黃豆香氣。此外，建議購買零添加的100%純黃豆粉，才能品嚐到黃豆原有的味道。

⑭ 南瓜粉

將南瓜加工製成100%純南瓜粉。南瓜粉容易吸收濕氣、導致發霉，建議要充分密封後再放進冰箱冷藏或冷凍。

⑮ 抹茶粉

抹茶粉裡小球藻的含量越高，就越能保有鮮豔的綠色。抹茶蛋糕的色澤很美，若是有開店的業者很適合放在展示櫃裡保存。購買抹茶粉之前，建議要先確認其中的小球藻含量。在我們店面是使用添加30%天然小球藻的抹茶粉。

⑯ 焙茶粉

焙茶粉是將茶葉翻炒過後製成的。翻炒茶葉可以減少茶葉的苦澀感，增添香氣。因為焙茶粉的製作過程有加熱，所以會呈現褐色。

⑰ 艾草粉

艾草香氣濃厚，在麵糊或奶油裡加入少量艾草，就能增添蛋糕的香氣層次。艾草粉顆粒較粗大、容易結塊，即使使用濾網也可能無法順利過篩。因此，要跟其他粉類食材充分攪拌混合後再使用。

⑱ 可可粉

將可可豆壓縮分解出可可脂後，再將可可豆磨成粉末，雖然有過濾出脂肪，但仍有少量脂肪殘留。因此，加入麵糊中攪拌時，要迅速攪拌，以避免麵糊凹陷。

⑲ 明膠（吉利丁）

明膠是凝固劑中唯一含有卡路里的材料，主要用在製作慕斯蛋糕或果凍時。種類大致上分為明膠粉和明膠。本書的食譜皆使用明膠粉。在使用明膠粉時，要加入明膠粉量的5~6倍的水量來混合。在25~30℃溫度下開始凝膠化，在高溫下長時間加熱反而會降低凝固力，使用時請多留意。

⑳ 開心果糊

開心果糊是將開心果拌炒過、研磨而成的產品。製作完成便可以直接使用。智利產的產品在加工時不會事先將開心果炒過，色澤明亮但香氣較不濃郁。西西里產的產品在加工時則會先將開心果炒過，色澤較暗但香氣濃郁。我們製作蛋糕時主要會使用西西里產的開心果糊。

㉑ 即溶咖啡粉

使用顆粒較細微的即溶咖啡粉時,比較容易在冷水或麵糊裡溶解。而咖啡豆研磨製成的咖啡粉,有顆粒殘留、難以在水中溶解,因此本書的食譜不建議使用咖啡豆研磨而成的咖啡粉。

㉒ 調溫巧克力

調溫巧克力是指「可可脂含量超過30%以上的巧克力」。我們主要使用Felchlin菲荷林巧克力來烘焙,但也可以使用本書食譜中提到的其他品牌、其他種類的調溫巧克力(黑巧克力、牛奶巧克力、白巧克力)來替代。

㉓ 香草莢

使用時將香草莢切半,用刀背將香草籽刮出,用清水將剩下的香草莢清洗乾淨,將水瀝乾後,再將香草莢和砂糖一起磨碎,製作成「香草莢砂糖」來使用。香草的香氣滲透到砂糖裡,很適合用來製作餅乾麵糊等糕點。在保存時要充分密封後放進冰箱冷藏、以免乾掉。

㉔ 海藻糖

海藻糖擁有卓越的保水性、甜度低,用海藻糖來取代部分的砂糖時,可以使蛋糕維持更長久的濕潤度。

02
準備烘焙模具

烘焙蛋糕前請先將烘焙紙鋪在模具上。製作好的麵糊通常都會立刻倒進模具裡，麵糊狀態才不會變糟。在鋪烘焙紙的時候，注意不要有凹凸不平的狀況。若有凹凸不平的部分，烤出來的蛋糕體厚度就會不一致。凸起處的蛋糕體會較薄。

1.
配合模具的長寬高來剪裁烘焙紙。
tip. 烘焙紙的四邊摺處剪成三角形。

2.
搭配模具的大小剪完烘焙紙後，
將烘焙紙放進模具裡。

3.
將烘焙紙的四邊摺好，將烘焙紙
固定在模具裡。

4.
圖為烘焙紙固定完畢的模樣。

做出不易裂開、漂亮的蛋糕捲

如果蛋糕體本身的含水量高就不易裂開，可以輕鬆捲出漂亮的蛋糕捲。所以要注意的是，蛋糕體烤的時間要適當，烤完的蛋糕體也不能在乾燥的狀況下放太久。還有，不要先烤好蛋糕體才開始進行其他步驟，而是要事先計算好時間，在蛋糕體烤好的同時，其他步驟也能同步完成。

捲出漂亮蛋糕捲的祕訣是「將烘焙紙舉高，讓蛋糕體如同往前翻滾那般捲起」。捲時要一邊把蛋糕捲往自己的身體拉近，以免蛋糕越捲離身體越遠。就算捲完後、蛋糕捲的模樣有點鬆散也不成問題，只要利用尺和烘焙紙將蛋糕捲拉緊，就可以製作出層次飽滿的蛋糕捲。

1.
將烤好的蛋糕體脫模，倒扣到桌面，放涼到熱氣散去為止。

2.
在蛋糕體貼著烤盤紙的狀態下，再覆蓋上另一張尺寸較大的白報紙。

3.
將烤盤紙和白報紙一併抓起，將蛋糕捲翻面。

tip. 蛋糕體一旦翻面就很難再調整，建議在鋪上白報紙時，就先預留1cm左右的空間再翻面（請參考步驟**4**）。

4.
撕除烤盤紙。靠近自己的烘焙紙和蛋糕體之間要保留1cm的間隔。

5.
在蛋糕體表面抹上甘納許、奶油霜等內餡。

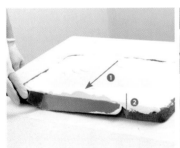

6.
將整片蛋糕體都抹好內餡後，使用抹刀整理蛋糕體的左右兩側、樹立出角度，讓蛋糕捲內餡塗抹均勻。

tip. ❶使用抹刀刀刃樹立出兩邊的角度後，在步驟❷-❸時則使用抹刀刀面再次整理較高的奶油霜。這麼一來，內餡的高度才可以維持在固定的厚度、且呈現水平狀，在捲成蛋糕捲時才不會出現凹凸不平的狀況。

7.
整理最側邊的蛋糕體（最後才捲到的部位）的邊緣時，將抹刀提高到45°，將奶油霜以斜線的角度往下塗抹。

tip. 若這部位塗抹的奶油霜過多，在捲蛋糕捲時奶油會擠出來。

保留空間

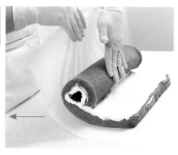

8.

在奶油霜上方放上配料時，在蛋糕體前端要預留空間（如圖示）。以免在捲蛋糕時造成配料外漏的情況。

9.

用拇指和食指抓住白報紙，其他手指頭則壓住蛋糕體往前捲。

10.

蛋糕捲通常會越捲越遠，所以在捲起蛋糕捲時，可以一邊將白報紙拉近，將蛋糕捲往自己的身體靠近。

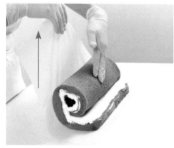

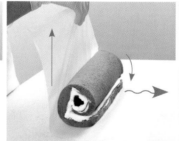

11.

捲了一圈之後，右手將白報紙往上抽起，左手持續捲蛋糕捲（如圖示）。

tip. 如圖這樣捲蛋糕捲，蛋糕體才不會捲歪、變成像螺旋麵包那樣。

12.

作業時一定要抓緊白報紙，將白報紙往上提起、讓蛋糕體整個自然地往前捲起。

tip. 若是將白報紙往「前」提起，而非往「上」提起，就無法順利捲起蛋糕捲，而是會壓成一半。此外，若沒有將白報紙抽起，持續將白報紙貼著蛋糕一起捲起，蛋糕體就會裂開。請多加注意。

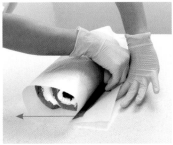

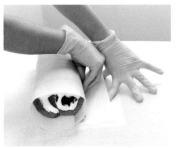

13.

捲好蛋糕體之後，要檢查一下側面，看蛋糕的收口是否有壓在下面。然後用白報紙包好整個蛋糕捲。

14.

用不鏽鋼尺把白報紙往內推。左手要同步抓住，避免紙張滑動，讓蛋糕捲的側面維持圓形。

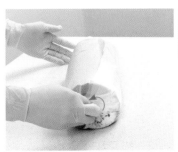

15.

將兩側多餘的白報紙如同包糖果那般、搓揉後往內折。讓蛋糕捲維持濕潤不會乾掉。

tip. 注意不要讓白報紙鬆開，才能讓蛋糕捲定型得漂亮。

16.

將包好的蛋糕捲放進冰箱冷藏。後續再將蛋糕切塊或裝飾即可完成。

tip. 若是有淋上糖霜的蛋糕捲，就要等糖霜凝固後再將蛋糕切片。其餘的蛋糕捲則在捲好之後，先放進冰箱冷藏30～60分鐘後再切片。

· 捲起來較短的蛋糕捲通常可切成6塊。捲起來較長的蛋糕捲可切成8塊。

6塊　　8塊

· 在切蛋糕捲時，請先將左右兩側的蛋糕捲切掉。每一片蛋糕切下來的厚度皆需一致。

零基礎也學得會
職人級蛋糕捲

ROLL CAKE
RECIPE

草莓長崎蛋糕捲

CASTELA STRAWBERRY ROLL CAKE

這一款是我個人非常喜愛的蛋糕捲。用草莓製作的所有糕點都很漂亮，
特別是當蛋糕的切面有草莓時，看起來更加美味可口。
這款蛋糕是以口感鬆軟的長崎蛋糕，與煉乳奶油霜、酸甜滋味的草莓一起搭配。
此外，如果想吃單純的生乳捲時，就不必加入任何水果，可以直接用這個食譜的
煉乳奶油霜做成生乳捲內餡。若想要內餡的口感更清爽一點，也可以改用無添加
煉乳的「香緹鮮奶油」（見P.69）。
非草莓季時，也可以替換成其他當季水果。
香蕉、黃金奇異果、藍莓等水果也非常適合用來製作這款蛋糕捲喔！

♦　做出不結塊又濕潤綿密的蛋糕體

♦　做出充滿可口草莓的蛋糕側面

蛋糕體

蛋黃 130g・砂糖A 20g・蜂蜜 33g・香草油 少許・
蛋白 180g・砂糖B 75g・低筋麵粉 40g・
玉米粉 15g・牛奶 40g・無鹽奶油 15g

煉乳奶油霜

鮮奶油 420g・砂糖 20g・馬斯卡彭起司 70g・
煉乳 50g

其他

草莓 500g・鏡面果膠 少許

直角烤盤 一個（長38cm×寬28cm×高5cm）

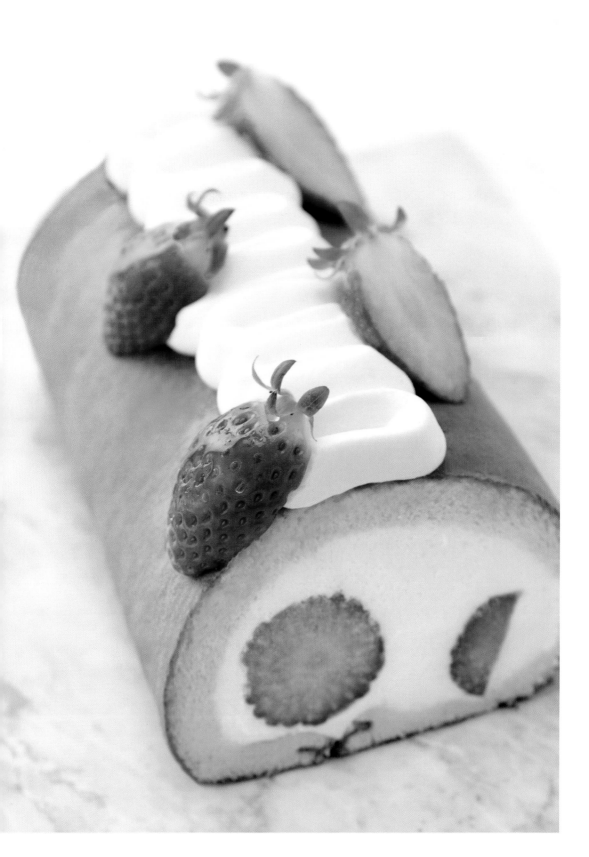

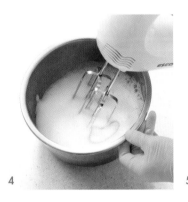

RECIPE 步驟

蛋糕體

1　將蛋黃、砂糖A、蜂蜜、香草油放進攪拌盆，再放入裝滿熱水的攪拌盆，慢速加熱攪拌到攪拌盆的溫度升至37～42°C。

　　tip. 若同時攪拌蛋黃、砂糖和蜂蜜，就不容易出現泡沫。若要加快作業速度，建議要一邊攪拌，同時將攪拌盆隔水加熱。

2　將攪拌盆從隔水加熱鍋裡取出。以攪拌機高速攪拌至顏色呈現接近淡淡的乳黃色，麵糊滴落回攪拌盆時有明顯的痕跡。

3　將蛋白放入另一個攪拌盆裡打發。

4　直到氣泡呈現「啤酒泡沫」狀時，再將1/3的砂糖B放進攪拌盆裡攪拌。

5　等拿起攪拌機時，蛋白霜尾端出現「長長的角」的形狀時，就可以再將剩餘砂糖B的一半倒入攪拌。

6　攪拌到攪拌棒拿起時，蛋白霜尾端呈現「短短的角」的挺立狀態時，再將剩餘的砂糖B全數倒入。繼續攪拌至呈現厚實緊密的泡沫狀態即可結束。

7　將步驟6的1/3蛋白霜倒入步驟2的攪拌盆裡，攪拌出大理石紋路。

　　tip. 蛋白霜就算只停留10秒，狀態也會改變，可以養成習慣先放入1/3的蛋白霜，其餘的蛋白霜在使用之前要重新攪拌一次。若將有結塊的蛋白霜加進基本麵糊裡，麵糊可能會產生縫隙或不容易膨脹。因此，要使用刮刀輕輕攪拌，麵糊的氣泡也會減少許多。

8　將過篩後的低筋麵粉、玉米粉加進攪拌盆中，充分攪拌至無粉末殘留。

9　將步驟6剩餘的蛋白霜全都倒進攪拌盆中，並攪拌出大理石紋路。

10

11

12

煉乳奶油霜

13

14

15

組合裝飾

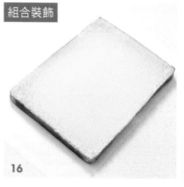

16

17

18

10　接著，將加熱到50° C的牛奶和事先融化的無鹽奶油放入攪拌盆裡攪拌。

　　tip. 若牛奶和奶油沉澱到底部，就很難攪拌均勻。此時可以使用刮刀由下往上快速翻攪，攪拌時避免力道過大。

11　將烤盤紙鋪在烤模裡，然後倒入麵糊。用刮刀將麵糊整理平整。

12　放進預熱到180° C的烤箱裡烤12～15分鐘，當輕按蛋糕表面會回彈時即可取出。

煉乳奶油霜

13　將低溫鮮奶油、砂糖、馬斯卡彭起司放進攪拌盆中攪拌。

14　攪拌至呈現「優格」的狀態時，再將低溫煉乳加進攪拌盆中攪拌。

　　tip. 若製作蛋糕的季節不是吃到冰的旺季，而是寒冷的冬季，可能會有點難買到煉乳。買不到煉乳時，只要用「馬斯卡彭起司」替代、將砂糖的量增加到10g左右即可。

15　攪拌至呈現「柔軟的霜淇淋」狀態時即可收尾。保留120g用來製作「裝飾奶油」。剩餘的則用來製作「內餡奶油」。

組合裝飾

16　將烤好的蛋糕體橫放，將內側朝上，表皮朝下，放在白報紙上方。

17　抹上一部分的煉乳奶油霜。

18　使用抹刀將煉乳奶油霜塗抹均勻。

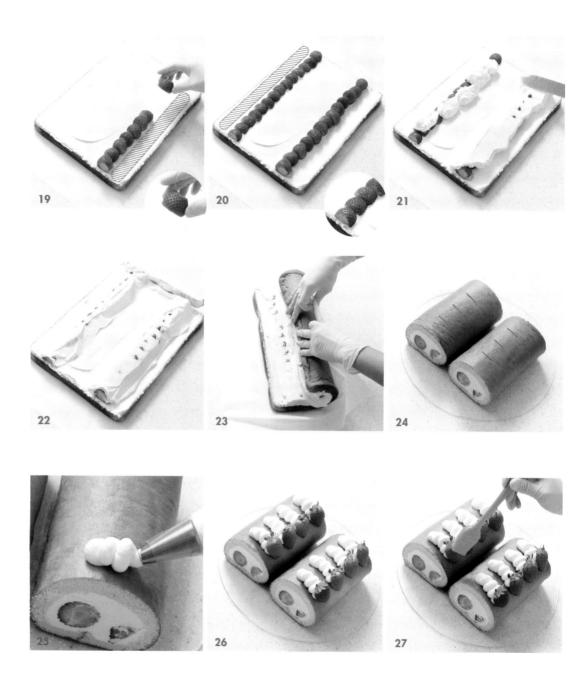

19 　將草莓清洗乾淨、去除蒂頭。草莓下半部尖尖的部分也切除。將蛋糕體下半部排滿一排草莓（但要在底部保留一排草莓的空隙，如圖示）。

　　tip. 只要像這樣排草莓，在切蛋糕切片時，不管是從哪一個角度切，都能切出可口美味的切面。

20 　如同上述的方法，將草莓切半後，將蛋糕體的上半部也排滿一整排的草莓。（最上部要保留一排草莓的空隙）

　　tip. 要保留幾顆最後做來裝飾的草莓。

21 　剩餘的煉乳奶油霜塗抹在草莓上方、完全覆蓋住草莓。

22 　煉乳奶油霜鋪平、均勻塗抹在整個蛋糕體上。

23 　將蛋糕捲起來（參考P.20）。

24 　蛋糕捲起後，將兩端多出來的奶油切除。再將蛋糕捲對切。使用蛋糕刀在蛋糕捲上微微做標記，分成4等份。

25 　將先前保留用來製作「裝飾奶油」的煉乳奶油霜裝進擠花袋裡，再裝上「804大號圓口擠花嘴」。以標記好的線為基準擠花。

　　tip. 擠花時如同畫圓圈那般、一邊畫圓圈一邊擠。

26 　將保留的幾顆草莓對切後放上去做裝飾。

27 　最後在草莓上塗上鏡面果膠後即完成。

02

柳橙乳酪蛋糕捲
ORANGE CHEESE ROLL CAKE

我在製作水果蛋糕時，特別喜歡放入滿滿的新鮮水果。
因此每當到了盛產柳橙的季節時，我都會研究各種方法來製作美味的柳橙蛋糕。
非柳橙的季節時，就使用葡萄柚或椪柑來替代，
或者使用四季皆可輕易購買到的藍莓、覆盆莓等也可以。
藍莓與覆盆莓跟乳酪也是絕配，製作成乳酪蛋糕味道極佳。
使用當季水果來製作出美味的蛋糕捲時，也順勢研發出各種蛋糕食譜。
十分推薦給正在經營蛋糕店的你們。

RECIPE POINT
重點

♦ 可使用其他種類的當季水果替代
♦ 製作「柳橙庫利」時，要維持果肉的口感
♦ 用鮮奶油襯出柳橙風味

INGREDIENTS
材料

乳酪蛋糕體
奶油乳酪 80g・蛋黃 130g・砂糖 A 40g・
柳橙果皮 5g・蛋白 160g・砂糖 B 47g・
海藻糖 32g・低筋麵粉 50g・玉米粉 7g

柳橙庫利*
去皮柳橙 A 110g・砂糖 A 50g・砂糖 B 30g・
NH果膠粉 5g・檸檬汁 5g・香甜橙皮酒 5g・
去皮柳橙 B 1顆

柳橙乳酪奶油
鮮奶油 240g・ 柳橙果皮 10g・奶油乳酪 100g・
馬斯卡彭起司 70g・砂糖 40g・柳橙汁 15g

裝飾奶油
鮮奶油 110g・馬斯卡彭起司 22g・砂糖 15g・
香甜橙皮酒 5g

其他
乾燥柳橙片 ・柳橙庫利*

AMOUNT
分量

直角烤盤 1個（長38cm×寬28cm×高5cm）

乳酪蛋糕體

1

2

3

4

5

6

7

8

9

RECIPE 步驟

乳酪蛋糕體

1　將奶油乳酪放進攪拌盆中，用刮刀輕輕攪拌。

　　tip. 在製作含有乳酪的麵糊時，乳酪一定要呈現柔軟的狀態，製作起來
　　　　才會順利。乳酪剛從冰箱取出時還很硬，可先放在室溫下或隔水加
　　　　熱，然後再用刮刀輕輕攪拌。

2　拿出另一個攪拌盆。將蛋黃、砂糖A、柳橙果皮放進碗裡，用裝滿
　　熱水的隔水加熱鍋，慢速加熱攪拌到攪拌盆的溫度升至37～
　　42℃。

3　將攪拌盆從隔水加熱鍋裡取出。以攪拌機高速攪拌至顏色呈現接
　　近淡淡的乳黃色，麵糊滴落回攪拌盆時有明顯的痕跡。

4　將蛋白裝進另一個乾淨攪拌盆裡攪拌，打發到氣泡呈現「啤酒泡
　　沫」狀時，再將事先混合好的砂糖B和海藻糖分成三次倒入攪拌盆
　　裡，同時持續不斷攪拌。

5　持續打發至呈現厚實緊密的狀態。

6　將步驟3分次倒入步驟1的攪拌盆中攪拌。

7　把打到厚實緊密的1/3的蛋白霜倒進攪拌盆中，攪拌出大理石紋路。

8　過篩後的低筋麵粉、玉米粉加進攪拌盆中，攪拌至無粉末殘留。

9　將剩下的蛋白霜全都倒進攪拌盆中輕輕攪拌。

柳橙庫利

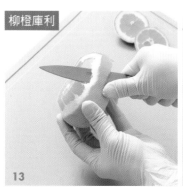

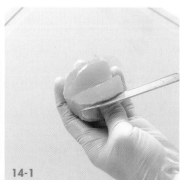

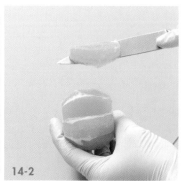

10　將麵糊倒入鋪了烤盤紙的烤盤中。

　　　tip. 倒麵糊時，只要集中倒在烤盤中央。

11　使用刮板將整盤的麵糊鋪平。

12　放入預熱到180°C 的烤箱裡烤14～15分鐘，當輕按蛋糕表面會回
　　　彈時即可取出。

柳橙庫利

13　將柳橙清洗乾淨後去皮。

　　　tip. 在製作後面步驟的柳橙乳酪奶油時，建議可以使用前面步驟剩餘的
　　　　　柳橙果肉來製作。另外，柳橙的籽苦澀又硬、口感不佳，請去籽後
　　　　　再使用。

14　沿著紋路將果肉切下，不要殘留白絲。

15　將柳橙A去皮後，連同砂糖 A一併放入鍋子裡煮。

　　　tip. 若一口氣就將整個柳橙放進去加熱，口感不佳、味道也不清爽，故
　　　　　將柳橙分為A、B兩次加入。

16　開始沸騰後，即可將事先攪拌好的砂糖B和NH果膠粉放進鍋裡攪
　　　拌均勻。

　　　tip. 要將果膠粉和砂糖充分攪拌後再使用，才不會導致結塊。若將果膠
　　　　　粉減量，蛋糕捲可能會因為柳橙果汁而變得更濕潤，因此，建議果
　　　　　膠粉的量要適當。

17　將檸檬汁、香甜橙皮酒加入鍋裡，攪拌均勻後即可關火。

18

19

20

21

22

23

裝飾奶油

24

25

26

18 再將柳橙B去皮後放入鍋裡攪拌。

19 將煮好的柳橙庫利倒入鐵盤中，等稍微冷卻，再冰進冰箱裡降溫。

柳橙乳酪奶油

20 將鮮奶油、柳橙果皮放進碗裡，浸泡一整天。

tip. 要將柳橙果皮泡在鮮奶油裡，柳橙果香才會變得濃郁。若沒有事先浸泡鮮奶油，就只有柳橙庫利才會有柳橙香味。因此，建議前一天先準備好，但若遇到需要緊急製作的情況時，可以將柳橙果皮浸泡在50g的鮮奶油裡加熱，讓香氣變得濃郁。然後再降溫、過篩後，使用過篩完的鮮奶油來製作。最後一定要放進冰箱裡冷藏、降溫。

21 將冰過的奶油乳酪、馬斯卡彭起司和砂糖放進攪拌盆裡，輕輕攪拌均勻。

22 將步驟**20**過篩後，加入攪拌盆中攪拌。

23 倒入冰過的柳橙汁後，繼續攪拌。

24 攪拌到奶油乳酪整體變得厚實、濕潤即完成。

裝飾奶油

25 將鮮奶油、馬斯卡彭起司、砂糖放進攪拌盆裡，攪拌到呈現霜淇淋的模樣。

26 最後加入香甜橙皮酒，攪拌到柔順的狀態即可結束。

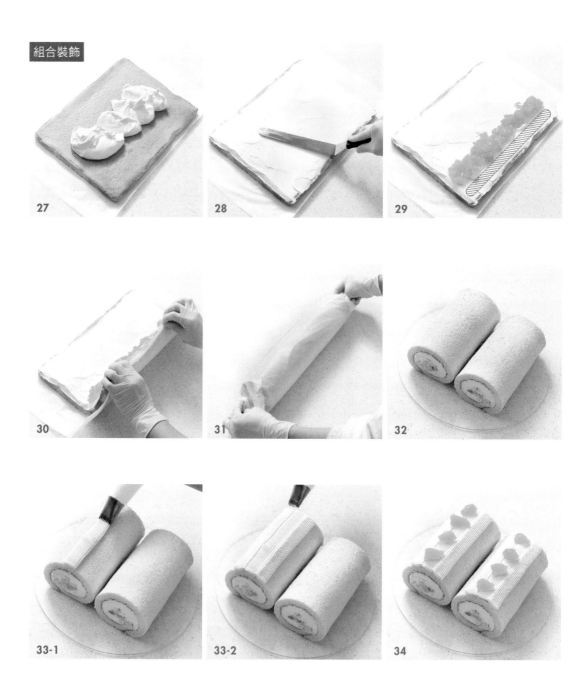

組合裝飾

27 蛋糕體烤好後,從烤盤中橫放在白報紙上方,表皮朝上。然後擠上柳橙乳酪奶油。

28 使用抹刀將柳橙乳酪奶油完全鋪平。

29 將柳橙庫利擺放在蛋糕上,並在底部保留一排空隙(與柳橙庫利的間距相符)。
tip. 額外保留8個柳橙庫利,作為裝飾用途。

30 捲起蛋糕捲(參考p.20)。

31 兩側白報紙收口捲好,將蛋糕捲冰進冰箱30分鐘以上,讓蛋糕捲定型。

32 取出的蛋糕捲兩邊修整(切割)乾淨,再將整個蛋糕捲對切。

33 將「裝飾奶油」裝進擠花袋裡,再裝上「898大號圓口擠花嘴」。在蛋糕捲表面擠上三條直線。

34 最後再擺上柳橙庫利和乾燥柳橙片裝飾即完成。

開心果佐無花果蛋糕捲

PISTACHIO FIG ROLL CAKE

我研發這款蛋糕的初衷,是為了讓蛋糕的裝飾更有亮點。

韓國知名麵包連鎖店「巴黎貝甜(Paris Baguette)」曾推出一款厚實又濕潤的果醬蛋糕捲,而我研發的這款蛋糕是升級、高級版。我特別添加許多乳酪和蛋白霜,口感厚實綿密且濕潤。咬下去的第一口,糖漬無花果的酸甜清爽滋味會在口中化開,開心果的濃郁香味則會在末端出現。

我在上烘焙課時也總是會分享這款食譜的替代訣竅。若將此蛋糕食譜中的「開心果糊」用「Kiri乳酪奶油」替換,「開心果粉」用「低筋麵粉」替換來製作的話,就可以做出厚實的乳白色乳酪蛋糕。

冬天可以在乳白色乳酪蛋糕體上面塗滿手工製作的糖漬草莓或乳酪奶油。用草莓替代無花果來做蛋糕裝飾也一樣引人注目。強力推薦冬天製作看看這款蛋糕!

♦ 製作出如同蛋糕體那般厚實綿密、口味清爽的糖漬
  無花果

♦ 製作出厚實綿密的蛋糕體

♦ 趁蛋糕餘溫時捲起蛋糕捲，蛋糕捲才不會裂開。

糖漬無花果 （1條蛋糕捲所需分量為 290g）
冷凍無花果 500g・紅酒 250g・砂糖 A 150g・
NH果膠粉 9g・砂糖 B 40g・檸檬汁 40g

開心果麵糊
Kiri奶油乳酪 220g・開心果糊 20g・蛋黃 170g・
蛋白 250g・砂糖 175g・低筋麵粉 85g・
開心果粉 5g

糖漿
16度波美糖漿（水和砂糖的比例是 2:1 的糖漿）30g

其他
無花果、鏡面果膠、食用香草、食用金箔

直角烤盤 1個（長 38cm×寬 28cm×高 5cm）

開心果蛋糕體

RECIPE 步驟

糖漬無花果

1 將冷凍無花果切片、紅酒和砂糖A放進鍋裡煮。

tip. 使用平價紅酒來製作也很不錯。紅酒能保留無花果特有的清香味，
能增添高級的清爽風味。無花果容易變軟，很難用新鮮無花果製作
時，就能用糖漬無花果或無花果果醬來取代。

2 煮滾後即可關火，用手持攪拌棒絞碎。

3 再次開火，煮到濃度變得濃稠時，再放入事先混合好的NH果膠粉
和砂糖B，一邊用攪拌器攪拌。

tip. 每次使用果膠粉時，都要先跟砂糖混合再使用，才不會結塊。使用
攪拌器來攪拌，比起使用刮刀攪拌來得更適合。

4. 直到變成適合的濃度時，加入檸檬汁，充分攪拌後即可關火。

開心果蛋糕體

5 將常溫狀態的Kiri奶油乳酪、開心果糊放進攪拌盆裡攪拌。

6 攪拌到一定程度時，再將常溫的蛋黃分次倒入攪拌。

tip. 若將液體食材一口氣倒進攪拌過的乳酪中，很容易結塊，建議分次
慢慢加入。

7 將冰過的蛋白放進另一個攪拌盆中打發。

8　打發到氣泡呈現「啤酒泡沫」狀時，再將1/3的砂糖放進攪拌盆裡攪拌。

9　等拿起攪拌機時，蛋白霜尾端出現「長長的角」的形狀時，就可以再將剩餘砂糖的一半倒入攪拌。

10　攪拌到拿起攪拌棒時，蛋白霜尾端呈現「短短的角」的挺立狀態時，再將剩餘的砂糖全數倒入。

11　將步驟6的1/3倒入攪拌盆裡，攪拌出大理石紋路。

12　將過篩後的低筋麵粉、開心果粉加進攪拌盆中，充分攪拌至無粉末殘留。

13　將步驟10剩餘的蛋白霜全都放進攪拌盆中攪拌。

14　將麵糊倒入鋪了烤盤紙的烤盤中。
　　tip. 倒麵糊時，只要集中倒在烤盤中央。

15　使用刮板將整盤的麵糊鋪平。

16　放進預熱到180°C的烤箱裡烤15分鐘，當輕按蛋糕表面會回彈時即可取出。

組合裝飾

17 將烤好的蛋糕體從烤盤中倒出直放，將蛋糕捲內側的那一面露出、放在白報紙上方。

18 鋪上所有的糖漬無花果後，用抹刀鋪平。

19 捲起蛋糕捲（參考p.20）。

tip. 開心果蛋糕體的厚度偏厚，建議要趁蛋糕體剛出爐、留有餘溫時捲起蛋糕捲。

20 兩側白報紙收口捲好，將蛋糕捲冰進冰箱30～60分鐘左右，讓蛋糕捲定型。

21 最後在蛋糕捲表面抹上16度波美糖漿後即完成。

tip. 將切好的無花果放在蛋糕表面裝飾。裝飾用的無花果要先塗上鏡面果膠以防止乾掉。然後再撒上食用金箔、食用香草來裝飾。

04

抹茶紅豆蛋糕捲

MATCHA SWEET RED BEAN ROLL CAKE

我非常喜歡抹茶，所以在我們店裡販售的抹茶蛋糕味道都非常鮮明濃郁。
這款蛋糕捲是因為當初我想仿造「抹茶剉冰」而誕生的，
以綿密的抹茶蛋糕體結合抹茶甘納許而成，
若覺得抹茶甘納許的味道有點苦，就吃一口甜蜜的紅豆餡來調和吧！
在製作甜點時，我喜歡使用親手製作的食材，而非買市售已經做好的材料，
例如這款蛋糕捲的紅豆餡是使用本地產的紅豆、手工製作而成，
雖然需要花費很多時間與精力，但是絕對能品味出差異。
如果不方便自己製作紅豆餡的話，購買市售的產品也無妨。
此外，也推薦讀者將紅豆餡混合香緹鮮奶油來製作。雖然步驟有點繁瑣，
但其實只要前一天將紅豆餡製作好，就能輕鬆做出這款蛋糕捲！
在這食譜中將會詳細地說明製作方法，期待你親自品嚐這款蛋糕的美味！

♦ 為了豐富蛋糕的口感，紅豆餡要保留紅豆顆粒

♦ 甘納許濃度要調整到，適合抹在蛋糕體上的濃度

INGREDIENTS
材料

紅豆餡（蛋糕捲1條需使用200g）

紅豆 500g・水 適量・砂糖 250g・鹽巴 3g

抹茶蛋糕捲

蛋黃 120g・砂糖 A 60g・蛋白 180g・

砂糖 B 90g・抹茶粉 12g・

低筋麵粉 50g・玉米粉 10g・鮮奶油 25g・

抹茶甘納許

白巧克力（菲荷林Felchlin 乳白巧克力 Edelweiss 36%）72g・

抹茶粉 6g・鮮奶油 54g・

轉化糖漿 25g

香緹鮮奶油

鮮奶油 200g・煉乳 20g・砂糖 10g

糖漿

16度波美糖漿（水和砂糖的比例是2:1的糖漿）30g

其他

抹茶粉

AMOUNT
分量

直角烤盤 1個（長38cm×寬28cm×高5cm）

紅豆餡

——— 紅豆屑

——— 紅豆水

RECIPE 步驟

紅豆餡

1 　將紅豆泡水一整天。

　　tip. 紅豆泡水時，碗裡的水量要足以覆蓋紅豆。

2 　將泡水膨脹的紅豆瀝乾水後放進鍋子裡，倒入足以覆蓋紅豆的水量後水煮10分鐘。

3 　用濾網撈起鍋中的紅豆。

4 　另起鍋，將撈起的紅豆、放入比紅豆的量多2～3倍的水倒進鍋裡，再次水煮10分鐘至沸騰。

5 　步驟3～4的過程重複三次。最後將紅豆水裝進攪拌盆中靜置，讓紅豆和紅豆水自然分層。

6 　拿一個新的攪拌盆，慢慢倒出紅豆水，讓水和煮好的紅豆分離出來。分離出來的水，會在步驟8調濃度時使用。

7 　將煮好的紅豆、砂糖和鹽巴放進鍋中，以小火煮，邊煮邊攪拌。

8 　將步驟6分離出來的紅豆水慢慢地倒入鍋中，調整到你喜歡的濃稠度及甜度。

　　tip. 我喜歡咀嚼紅豆顆粒的口感，所以當鍋中紅豆呈現用手就能輕鬆壓扁的狀態時，可以再煮透一點，不用磨碎紅豆，直接使用即可。

9 　將紅豆餡鋪在方盤裡放涼。

　　tip. 紅豆比想像中更容易壞，建議不要一口氣大量製作，需要用到紅豆餡的時候再製作即可。用剩的紅豆可以分成小包放進冰箱冷凍。一條可以切成6小塊的蛋糕捲，大約會需要200g的紅豆餡。

抹茶蛋糕體

10

11

12

13

14

15

16

17

18

抹茶蛋糕體

10　將蛋黃、砂糖A放進攪拌盆中，以攪拌機高速攪拌至顏色呈現接近淡淡的乳黃色，麵糊滴落到攪拌盆中時有明顯的痕跡。

11　拿出另一個攪拌盆。將冰過的蛋白加進去打發。

12　打發到氣泡呈現「啤酒泡沫」狀時，再將1/3的砂糖B也加進攪拌盆裡攪拌。

13　等拿起攪拌機時，蛋白霜尾端出現「長長的角」的形狀時，就可以再將剩餘的砂糖B的一半倒進去攪拌。

14　攪拌到拿起攪拌棒時，蛋白霜尾端呈現「短短的角」的挺立狀態時，再將剩餘的砂糖B全數倒入，繼續攪拌至緊密厚實的狀態即可結束。

15　將步驟**14**的1/3倒入步驟**10**的攪拌盆裡，用刮刀攪拌三次左右，攪拌出大理石紋路。

16　將過篩的抹茶粉、低筋麵粉、玉米粉倒入攪拌盆中，拌勻至毫無粉末殘留。

　　tip. 有些抹茶粉很會吸水，在攪拌時容易結塊或者黏在攪拌盆的內壁上，所以要一邊刮內壁、一邊充分攪拌。若希望抹茶蛋糕體的口感厚實一點，可以用10g的玉米粉來替代低筋麵粉。

17　將步驟**14**剩餘的蛋白霜全都倒入攪拌盆中，攪拌出大理石紋路。

18　將加熱過的溫鮮奶油加入攪拌盆中攪拌。

19

20

21

抹茶甘納許

22

23

24

25

26

27

19　將所有的食材輕輕的攪拌均勻，避免力道過大。

20　將麵糊倒進鋪了烤盤紙的烤盤裡。

　　tip. 倒麵糊時，只要集中倒在烤盤中央。

21　使用刮板將麵糊鋪平。

22　放進預熱到180°C的烤箱裡烤15分鐘，當輕按蛋糕表面會回彈時
　　即可取出。

　　抹茶甘納許

23　將隔水融化的白巧克力、抹茶粉放進碗裡攪拌均勻。

　　tip. 白巧克力比起黑巧克力或牛奶巧克力的砂糖含量更高，除了隔水融
　　　　化外，也可在微波爐微波，要注意的是容易燒焦，所以要分段微
　　　　波，一開始先微波30秒，接下來每次都先微波10秒，讓白巧克力
　　　　慢慢融化。抹茶粉跟液體食材混合時容易結塊，建議先將抹茶粉跟
　　　　白巧克力融合在一起。

24　將鮮奶油加熱到60°C，再倒進步驟23的碗裡攪拌。

25　將轉化糖漿倒進去攪拌。

　　tip. 轉化糖漿可以讓糕點口感變得柔軟，也能防止糖產生結晶。

26　使用手持調理棒攪拌幫助乳化。

27　讓甘納許凝固至方便塗抹的濃度即可。

　　tip. 甘納許的濃度跟韓式辣椒醬的濃度相似時為最佳。如果濃度太稀，
　　　　一抹上去就會立刻被蛋糕體吸收。

香緹鮮奶油

28

29

組合裝飾

30

31

32

33

34

35

36

香緹鮮奶油

28 將冰過的鮮奶油、煉乳和砂糖放進攪拌盆中攪拌。

29 攪拌到整體呈現柔順又厚實的狀態。

組合裝飾

30 蛋糕體烤好後，從烤盤中倒出，放在白報紙上方。將抹茶甘納許放在蛋糕體上。

31 使用抹刀將抹茶甘納許塗抹在蛋糕體上。
tip. 甘納許過一段時間就會變硬，因此要儘快塗抹。

32 再抹上香緹鮮奶油。
tip. 在塗抹過程中，即使抹茶甘納許和香緹鮮奶油稍微融合在一起也無妨。從蛋糕側面看來並不明顯。

33 擺上一排紅豆餡，並且在底部保留一排空隙（與紅豆餡的間距相符）。

34 捲起蛋糕捲（參考p.20）。

35 兩側白報紙收口捲好，將蛋糕捲冰進冰箱30～60分鐘左右，讓蛋糕捲定型。

36 最後在蛋糕捲表面塗抹16度波美糖漿（水和砂糖的比例是2:1的糖漿）即可。
tip. 抹茶蛋糕體若放在蛋糕展示櫃裡，容易變得乾燥，建議一定要在表面塗抹糖漿。若不塗糖漿，也可以將蛋糕表面塗上一層薄薄的香緹鮮奶油，或者撒上抹茶粉也行。

蜂蜜南瓜蛋糕捲

HONEY PUMPKIN ROLL CAKE

坦白說，我個人並沒有那麼喜歡吃南瓜。不過，用甜南瓜製作的南瓜奶油內餡和蛋糕體，兩者濃郁的香味融合在一起，真的非常好吃！

我喜歡的風格就是要在蛋糕裡加入滿滿的食材。不過，究竟要如何達成平衡，放入滿滿的食材，同時又能讓像我這般不喜歡南瓜的人也毫無負擔地享用呢？

我為此苦思了許久。最後得到的結論就是「在南瓜裡添加蜂蜜，製作成糖漬南瓜」。將南瓜和蜂蜜一起熬煮，蜂蜜特有的多重風味讓南瓜的味道變得更有層次、更加豐富。還能增添營養價值，真的很棒！

這款蛋糕體的魅力在於：剛出爐時，一咬下去表面感覺脆脆的，放涼後，蛋糕會變得濕潤。這款蜂蜜南瓜蛋糕捲可以同時吃出兩種滋味！我還另外加入南瓜籽，藉此增添蛋糕的香氣，咬起來的口感也更厚實。

RECIPE POINT
重點

♦ 用來製作糖漬南瓜的南瓜必須要夠熟成

♦ 蛋糕體的麵糊要鋪平，避免凹凸不平而造成部分烤焦

♦ 南瓜奶油內餡儘量製作得口味清淡

INGREDIENTS
材料

糖漬南瓜 *
栗子南瓜 320g・蜂蜜 70g・肉桂粉 適量

南瓜蛋糕體
蛋黃 100g・砂糖 A 36g・蛋白 140g・砂糖 B 88g・
低筋麵粉 70g・南瓜粉 30g・糖粉 適量・南瓜籽 適量

南瓜奶油
南瓜 150g・鮮奶油 230g・蜂蜜 40g

裝飾奶油
鮮奶油 100g・蜂蜜 10g

其他
糖漬栗子南瓜 *

AMOUNT
分量

直角烤盤 一個（長38cm×寬28cm×高5cm）

1

2

3

南瓜蛋糕體

4

5

6

7

8

9

糖漬南瓜

1   將栗子南瓜清洗乾淨去籽先預留在容器中備用，果肉切成約小拇指的大小，然後放進微波爐裡微波5～10分鐘。

> tip. 如果一開始就將堅硬的栗子南瓜放進鍋裡煮，要煮熟得花很多時間，南瓜的水分也會被蒸發掉許多。建議可以先將栗子南瓜放進微波爐中微波至半熟的狀態。特別推薦當季出產的栗子南瓜，果肉厚實又美味！

2   將加熱過的栗子南瓜、蜂蜜和肉桂粉放進鍋裡，持續加熱讓蜂蜜和南瓜的水分蒸發掉。

> tip. 肉桂粉可以去除栗子南瓜的澀味。按照個人喜好，也可以省略不加肉桂粉。用刮刀攪拌時，儘量不要破壞南瓜的形狀。

3   持續加熱，直到用竹籤可以輕鬆插入栗子南瓜皮為止。

> tip. 假設蜂蜜都已煮乾，栗子南瓜卻還未全熟，可以加一點糖漿進去煮，直到南瓜全熟為止。

4   將完成的糖漬南瓜鋪在方盤裡放涼。

> tip. 糖漬南瓜可以冰在冰箱冷藏一天左右，但如果是水分較多的南瓜，建議製作成糖漬南瓜後就立刻使用。若再冷藏保存，可能會出水。

南瓜蛋糕體

5   將蛋黃、砂糖A放進攪拌盆中，以攪拌機高速攪拌至顏色呈現淡淡的乳黃色，麵糊滴落時有明顯的痕跡。

6   拿出另一個攪拌盆。將冰過的蛋白加進去打發。

7   打發到氣泡呈現「啤酒泡沫」狀時，再將1/3的砂糖B也加進攪拌盆裡攪拌。

8   攪拌到拿起攪拌棒時，蛋白霜尾端出現「長長的角」的形狀時，就可以再將剩餘的砂糖B的一半倒進去繼續攪拌。

9   等拿起攪拌機時，蛋白霜尾端呈現「短短的角」的挺立狀態時，再將剩餘的砂糖B全數倒入，攪拌至緊密厚實的狀態即可結束。

南瓜奶油內餡

10 　步驟**5**的食材倒入步驟**9**的攪拌盆中，用刮刀攪拌三次左右，攪拌出大理石紋路。

11 　將過篩的低筋麵粉、南瓜粉放進攪拌盆中攪拌。攪拌到用刮刀將麵糊撈起時，麵糊不會滴落即可結束。

12 　烤盤紙鋪在烤盤上。將麵糊裝進擠花袋裡，再裝上「805大號圓口擠花嘴」。從烤盤中央開始、沿著對角線擠花。

　　tip. 要沿著對角線擠花，才能夠均衡地擠花、不會擠得歪七扭八、

13 　沿著烤盤的對角線擠出條狀。

14 　將烤盤轉方向，也在剩餘的空間都擠上麵糊。

15 　將整個烤盤均勻撒上糖粉，最後再整體撒一次。

　　tip. 要撒上多一點糖粉，蛋糕體完成品才會比較酥脆。

16 　撒上南瓜籽。然後將麵糊放到預熱至190°C的烤箱中烤9分鐘。

　　tip. 不要使用烘焙過的南瓜籽。若撒上烘焙過的南瓜籽，在烤箱烤的時候可能會烤焦。此外，有撒上南瓜粉的麵糊，烘烤時間越長，蛋糕體的顏色就會越深。

南瓜奶油內餡

17 　將南瓜放進微波裡加熱後去皮、壓扁，然後再放進冰箱裡冷藏。

18 　將鮮奶油、蜂蜜倒進攪拌盆中，攪拌到狀態變得像霜淇淋一般。

　　tip. 推薦可以使用百花蜜或刺槐花蜜，蜂蜜的味道和香氣較適合用來製作蛋糕。尤其是百花蜜是蜜蜂在同一時期採集多種花集結而成的蜜，顏色偏深且營養豐富。

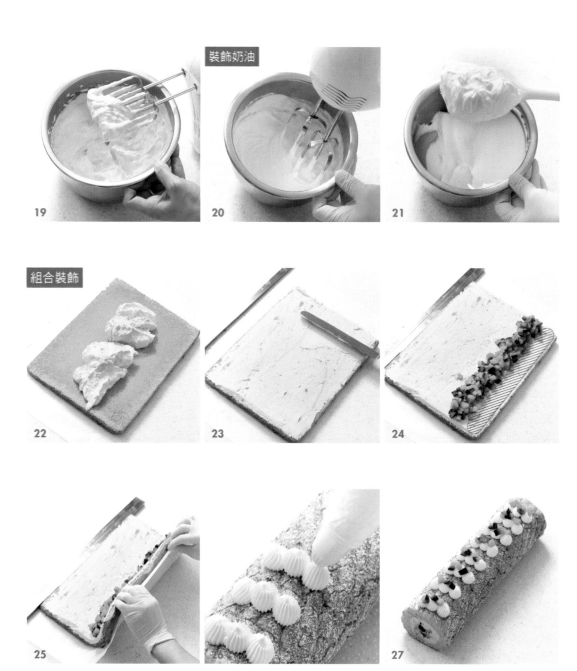

装飾奶油

組合裝飾

19 將步驟 **17** 的內容物放進攪拌盆中攪拌。

  tip. 若直接將南瓜加進奶油裡攪拌，奶油就會變得非常油膩。要先將南瓜放進冰箱冰過，然後再跟鮮奶油和蜂蜜一起攪拌。若過度攪拌，奶油也會變得太油，不蓬鬆、導致蛋糕捲的成品體積變小，請多留意喔！

裝飾奶油

20 將鮮奶油、蜂蜜放進攪拌盆中，攪拌至柔順的狀態。

21 持續攪拌至柔順又整體有厚實的狀態。

組合裝飾

22 蛋糕體烤好後，橫放在白報紙上方。將南瓜奶油抹在蛋糕體上。

23 使用抹刀將南瓜奶油均勻塗抹在蛋糕體上。

24 擺上一排糖漬南瓜，並且在底部保留一排空隙（與糖漬南瓜的間距相符）。

  tip. 請另外保留一些要裝飾在蛋糕捲上方的糖漬南瓜。

25 捲起蛋糕捲（參考p.20）。

26 將「細齒透明花嘴（PF16）」裝在擠花袋上，再將裝飾奶油倒入擠花袋中，開始在蛋糕表面擠上裝飾奶油。

27 最後放上糖漬南瓜即可完成。

  tip. 若蛋糕捲要放在蛋糕店裡的展示櫃裡保存，請將糖漬南瓜塗抹上鏡面果膠，以免糖漬南瓜乾掉。

焙茶拿鐵蛋糕捲

HOJICHA LATTE ROLL CAKE

這款蛋糕捲使用幾乎沒有苦澀且味道清香的焙茶。為了讓這款蛋糕捲更為加分，我自製了焙茶酥，在柔軟的蛋糕捲上，擺滿了酥酥脆脆、香氣十足的焙茶酥，這樣一來，整個蛋糕捲不管是味道還是口感層次都更豐富了！滿滿的焙茶酥讓蛋糕捲表面看起來凹凸不平、有些粗糙，但卻讓整個蛋糕捲都香噴噴的，品嚐過這款蛋糕的人肯定都會覺得很好吃！

我在製作時發現，焙茶蛋糕體的味道並沒有想像中濃郁，為了增添焙茶的濃郁口感，我又製作了焙茶甘納許作為蛋糕內餡。咬一口香甜的蛋糕體，厚實綿密的焙茶甘納許便融化在嘴裡，使人深陷在這迷人的美味中。

◆ 將焙茶酥製作得大塊一點，讓蛋糕吃起來更有口感
層次

◆ 焙茶甘納許的濃度要調整到適合用來抹面的濃度

◆ 在切焙茶酥時，為了不要切得太碎，要如同拉鋸子
那般來進行切割

焙茶酥（2份）
無鹽奶油 90g・砂糖 80g・杏仁粉 70g・焙茶粉 10g・
低筋麵粉 90g

焙茶蛋糕體
蛋黃 130g・砂糖 40g・蛋白 170g・
馬斯科瓦多糖（黑糖）75g・低筋麵粉 45g・
可可粉 15g・焙茶粉 15g・牛奶 30g・無鹽奶油 15g

焙茶甘納許
白巧克力（菲荷林Felchlin 乳白巧克力 Edelweiss 36%）60g・
轉化糖漿 20g・焙茶粉 13g・鮮奶油 45g

馬斯卡彭乳酪奶油
馬斯卡彭起司 80g・鮮奶油 200g・砂糖 25g

直角烤盤 一個（長38cm×寬28cm×高5cm）

1 2 3

焙茶蛋糕體

4 5 6

7 8 9

焙茶酥

1　將冰過的焙茶酥食材全都放進食物處理機裡磨碎。

　　tip. 若想製作出口感更酥脆的焙茶酥，可以減少杏仁粉的量、增加低筋
　　　　麵粉的量。

2　若食材開始結成一團，可以將食材放進碗裡，用手捏成細塊。

　　tip. 要注意，如果粉末變得太細，焙茶酥就會吸收蛋糕捲奶油的水分，
　　　　讓焙茶酥變得太濕潤。

3　放進預熱到170℃的烤箱裡，將焙茶酥烤得酥脆後放涼。

　　tip. 不同大小的焙茶酥，烘烤的時間會有所不同，但平均都烤18～20
　　　　分鐘左右。

焙茶蛋糕體

4　將蛋黃、砂糖放進攪拌盆中，用裝滿熱水的隔水加熱鍋，慢速加
　　熱攪拌到攪拌盆的溫度升至37～42℃。

5　將攪拌盆從隔水加熱鍋裡取出。以攪拌機高速攪拌至顏色呈現接
　　近淡淡的乳黃色，麵糊滴落回攪拌盆中有明顯的痕跡。

6　將蛋白裝進另一個攪拌盆裡攪拌，打發到出現泡沫。

7　打至蛋白霜尾端拉出「長長的角」時，將馬斯科瓦多糖分成3次倒
　　入，攪拌至細密厚實的狀態。

　　tip. 馬斯科瓦多糖的含糖量偏低，所以在提高糖分時，必須快速加入蛋
　　　　白霜之中，能使蛋糕更加綿密厚實。

8　攪拌至濕潤又厚實的狀態。

9　將1/3的蛋白霜分量倒入步驟5的攪拌盆中，直到攪拌出有出現大
　　理石紋路。

10

11

12

13

14

15

16

17

焙茶甘納許

18

10　將過篩的低筋麵粉、可可粉、焙茶粉放進攪拌盆中，攪拌至毫無粉末殘留。

　　tip. 可可粉含有少量的可可脂，在攪拌時容易讓蛋白霜沉澱，因此攪拌的速度要快。焙茶粉容易結塊，要好好將殘留在攪拌盆內壁的焙茶粉刮乾淨，以避免焙茶粉結塊。

11　將步驟**8**剩餘的蛋白霜全都加進去，攪拌出出現大理石紋路。

12　將加熱至50°C的牛奶和融化奶油加入並攪拌。

　　tip. 如果牛奶和奶油沉澱到底部，就很難攪拌均勻，因此要將刮刀由下往上迅速攪拌。牛奶和奶油的量偏大，若沒有攪拌均勻，在將麵糊倒進烤盤裡時，牛奶和奶油可能會以液體的形式流出。若是在經營蛋糕店的讀者，建議先將奶油和牛奶攪拌均勻後，再繼續進行其他步驟比較好。

13　將全部的食材輕輕的攪拌均勻即可完成。

14　將麵糊倒進鋪了烤盤紙的烤盤裡。

　　tip. 倒麵糊時，只要集中倒在烤盤中央即可。

15　使用刮板將麵糊鋪平。

16　撒上焙茶酥。

17　放進預熱到180°C的烤箱裡烤15分鐘，當輕按蛋糕表面會回彈即可取出。

　　焙茶甘納許

18　將加熱至38～40°C的白巧克力、轉化糖漿和焙茶粉放進攪拌盆中攪拌均勻。

　　tip. 焙茶粉跟液體食材混合時容易結塊，建議先將焙茶粉跟巧克力融合在一起。這個步驟不能發生結塊，這樣下個步驟將鮮奶油放入時才能乳化得很柔順。轉化糖漿可以讓蛋糕口感變得柔軟，也能防止糖產生結晶。

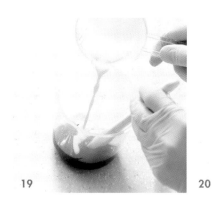

19

20

21

22

23

24

25

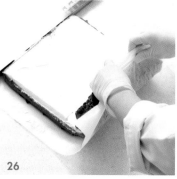

26

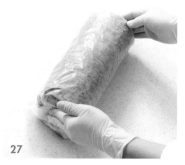

27

19　將鮮奶油加熱到60°C，再倒進攪拌盆中攪拌。

20　用攪拌棒乳化後，凝固到適合抹面的濃度。

　　tip. 剛完成甘納許的溫度約36～38°C，請將溫度降溫到20～22°C時才能使用。

馬斯卡彭乳酪奶油

21　將馬斯卡彭起司、鮮奶油和砂糖加進攪拌盆中打發。

22　打發至呈現柔順的霜淇淋狀態即完成。

組合裝飾

23　將烤好的蛋糕體橫放，將蛋糕捲內側那一面朝上，表面朝下、放在白報紙上方，備用。

24　將馬斯卡彭乳酪奶油均勻塗抹於內側蛋糕體上，並用抹刀抹平。

　　tip. 因著蛋糕體的碎屑，白報紙可能會變得太滑，要先在紙上放置固定角棒或馬克杯等可以協助固定的工具，固定之後再捲起蛋糕捲。

25　將焙茶甘納許裝進擠花袋中，把袋口切平。在蛋糕體底部保留一條可以抹面的空間，用焙茶甘納許進行抹面。

26　捲起蛋糕捲（參考p.20）。

27　兩側白報紙收口捲好，將蛋糕捲冰進冰箱30～60分鐘左右，讓蛋糕捲定型。再將蛋糕切片放上焙茶酥即可完成。

熱帶水果焦糖蛋糕捲

EXOTIC CARAMEL ROLL CAKE

當你第一次看到這個蛋糕捲的名稱，大概猜不太到「熱帶水果」和「焦糖」的組合有多麼迷人吧？為什麼會開發出這款蛋糕捲呢？我想如果只是推出「熱帶水果蛋糕捲」，顧客們恐怕不會爽快買單。於是決定在大家都喜歡的焦糖蛋糕捲上做一些小變化，於是誕生了一款「熱帶水果焦糖蛋糕捲」，現在可是我們店裡的高人氣甜點！

我發自內心希望顧客們能夠品嚐到更多樣化的口感，所以研發了這款蛋糕捲，能夠受到大家的喜愛，我自己也非常開心！在製作時最具挑戰性的部分就是「熱帶水果焦糖醬」的濃度。我在研發時，真的測試了無數次，味道不對就打掉重來。蛋糕體的厚度、奶油的量、醬料的味道，這三個元素必須要完美融合才行。一開始可能會對「熱帶水果醬」的味道不太熟悉而稍微被嚇到，但吃久了肯定會迷上這陌生的風味，是一款會吃上癮的蛋糕捲喔！

♦　在製作熱帶水果焦糖醬時，注意別讓焦糖烤焦

♦　焦糖巧克力奶油不要攪拌過度，會變得太厚實

♦　淋上適當厚度的焦糖糖霜

黑糖蛋糕體

蛋黃 130g・馬斯科瓦多糖（黑糖）A 20g・
蜂蜜 30g・蛋白 180g・
馬斯科瓦多糖（黑糖）B 70g・低筋麵粉 45g・
玉米粉 15g・牛奶 40g・無鹽奶油 20g

熱帶水果焦糖醬（3份）

砂糖 140g・百香果泥 60g・芒果泥 60g・
鳳梨泥 60g・黑巧克力（Felchlin Grand Cru Maracaibo
Créole 49%）50g・發酵無鹽奶油 75g

焦糖醬＊

砂糖 145g・糖稀（飴糖）15g・鮮奶油 140g・
鹽巴 1g・發酵無鹽奶油 45g

焦糖巧克力奶油

黑巧克力（Felchlin 60%）90g・焦糖醬＊ 60g・
鮮奶油 225g

焦糖糖霜（Glaçage）

砂糖 101g・糖稀（飴糖）21g・鮮奶油 216g・
鹽巴 1g・吉利丁（明膠粉）4.5g（使用時先混合 22.5g
的水）

其他
食用金箔

直角烤盤 一個（長 38cm×寬 28cm×高 5cm）

黑糖蛋糕體

1

2-1

2-2

3

4

5

6

7

8

RECIPE 步驟

黑糖蛋糕體

1　將蛋黃、馬斯科瓦多糖（黑糖）A、蜂蜜放進攪拌盆中，用裝滿熱水的隔水加熱鍋，慢速加熱攪拌到攪拌盆的溫度升至37～42°C。

2　將攪拌盆從隔水加熱鍋取下後，以攪拌機高速攪拌至顏色呈現接近淡淡的乳黃色，麵糊滴落回攪拌盆時會有明顯的痕跡。

3　拿出另一個攪拌盆。將冰過的蛋白加進去打發到氣泡呈現「啤酒泡沫」狀。

　　tip. 砂糖的量比蛋白的量少，為了製作出厚實的蛋白霜，建議使用冰過的蛋白。

4　將馬斯科瓦多糖B分成三次倒入，同時攪拌均勻。

　　tip. 馬斯科瓦多糖容易吸水結塊，因此要先將馬斯科瓦多糖結塊的部分弄散。但不建議將馬斯科瓦多糖過篩，因為量可能會少掉很多，只要用手將馬斯科瓦多糖弄散即可。

5　攪拌至整體呈現出綿密厚實的狀態即可結束。

6　將步驟5內容物的1/3倒進步驟2的攪拌盆中，攪拌出大理石紋路。

7　將過篩的低筋麵粉、玉米粉也倒進去攪拌盆中，攪拌至毫無粉末殘留。

8　將步驟5剩餘的內容物全都倒入，攪拌出大理石紋路。

9

10

11

12

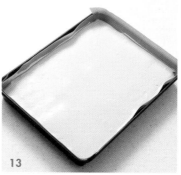

13

熱帶水果焦糖醬

14

16

17

9 　將加熱到50°C的牛奶和融化的無鹽奶油放入攪拌盆中攪拌。

　　tip. 如果牛奶和奶油沉澱到底部，就很難攪拌均勻，請用刮刀由下往上迅速攪拌。

10 　將全部的材料都攪拌均勻後即可收尾。

11 　將麵糊倒入鋪了烤盤紙的烤盤中。

　　tip. 倒麵糊時，只要集中倒在烤盤中央。

12 　使用刮板將麵糊鋪平。

13 　放進預熱到180°C的烤箱裡烤15分鐘，當輕按蛋糕表面會回彈時即可取出。

　　熱帶水果焦糖醬

14 　將砂糖放進鍋裡，以中火煮到焦糖化。

15 　持續攪拌、煮到呈現栗子色為止。

　　tip. 當砂糖焦糖化的溫度超過200°C時，苦味會變重而感受不到熱帶水果的香氣。焦糖醬是增強果香的關鍵要素，煮的時候溫度絕對不要超過200°C喔！

16 　轉成小火之後，再將加熱至60〜80°C的百香果泥、芒果泥和鳳梨泥慢慢倒入鍋中，一邊持續攪拌。

　　tip. 果泥也可以用「百香果＋芒果＋椰子」的組合，或者用「百香果＋芒果＋香蕉」的組合。

17 　加熱到出現小氣泡為止。

　　tip. 如果沒有加熱到鍋子中央出現小氣泡為止，焦糖醬就會變得太稀，而從蛋糕捲裡面流出。

18

19

20

焦糖醬

21-1

21-2

22

23

24

25

18 將黑巧克力和發酵無鹽奶油放進攪拌盆中。然後也將步驟**17**的焦糖醬過篩倒入攪拌盆中。

tip. 也可以用一般市售的無鹽奶油（安佳Anchor無鹽奶油等）來代替發酵無鹽奶油。

19 充分攪拌直到黑巧克力和發酵無鹽奶油融化。

tip. 若使用可可脂含量30%的牛奶巧克力，會變得太甜，因此我使用的是felchlin品牌出產的49%黑巧克力。如果買不到49%的黑巧克力，也可以將一半的牛奶巧克力和一半的黑巧克力混合使用。

20 使用攪拌棒乳化。

tip. 將製作完成的「熱帶水果焦糖醬」密封起來放進冰箱冷藏一週左右。熱帶水果焦糖醬很難小量製作，建議可以一口氣大量製作、冷藏起來，要使用時再取出需要的分量。

焦糖醬

21 將砂糖、糖稀放進鍋裡，用製作「熱帶水果焦糖醬」的方法，持續加熱到顏色呈現深褐色。

22 關火後，再將加熱至60～80°C的鮮奶油和鹽巴分次倒進鍋中，一邊攪拌均勻。

tip. 如果一口氣就倒入大量的鮮奶油，就會因為溫度差異導致鮮奶油溢出而燙傷，請務必留意。煮得很焦的焦糖加上鮮奶油，味道會變得微苦，煮得較淡的焦糖加上鮮奶油，味道則會變得較甜。可以按照個人口味喜好來調整。

23 充分攪拌至小氣泡消失為止。

24 將鍋裡內容物倒進另一個攪拌盆中，等降溫至40°C時，再加入發酵無鹽奶油。

25 使用攪拌棒乳化。

焦糖巧克力奶油

26

27

28

29

焦糖糖霜

30-1

30-2

31-1

31-2

32

焦糖巧克力奶油

26 將黑巧克力、焦糖醬和鮮奶油放進鍋中,加熱至45°C,可使用測溫計。

> tip. 若加熱的溫度過高,鮮奶油就會蒸發掉,也得等很長的時間降溫才能進行下一個步驟。請加熱到適合乳化的45°C即可。

27 將鍋中的內容物倒入攪拌盆中,用攪拌棒乳化。

28 將攪拌盆隔冰水、降溫到10°C以下。

29 使用之前在隔冰水的狀況下,用攪拌器低速攪拌至柔順的狀態。

> tip. 要將焦糖巧克力奶油的濃度製作成會流動的狀態。

焦糖糖霜

30 用製作焦糖醬的同一個方法,將砂糖、糖稀(飴糖)放進鍋中,加熱至呈現深褐色(類似烤盤紙的顏色)為止。

> tip. 先計算好糖稀的分量再添加砂糖。這麼一來,砂糖就能輕易溶解於糖稀中。

31 將加熱至80°C鮮奶油和鹽巴分次倒入鍋中,一邊持續攪拌。

32 將鍋中的內容物移到攪拌盆中,降溫至80°C以下時,再加入事先混了水的吉利丁(明膠粉)。

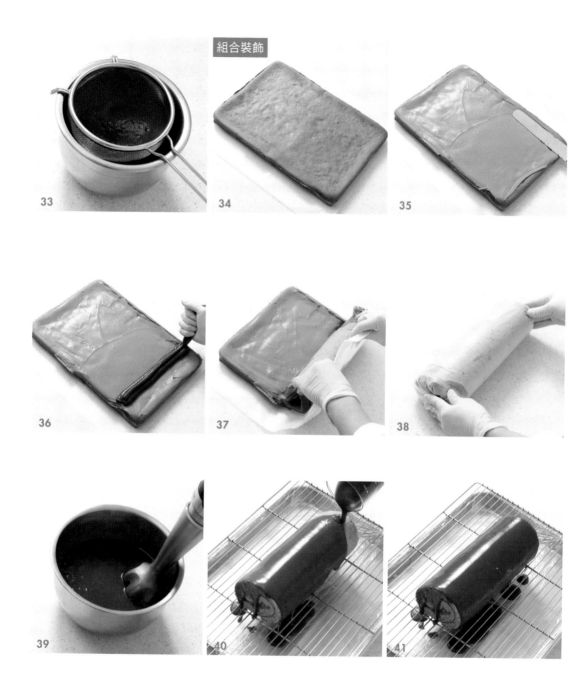

組合裝飾

33

34

35

36

37

38

39

40

41

33 將內容物過篩。

> **tip.** 將焦糖糖霜（Glaçage）分裝在可微波的容器裡，放入冰箱冷藏，約可保存2週的時間。要使用前再放進微波爐中微波，大約融化50%後，再使用攪拌棒整理。若等到100%完全融化後才使用攪拌棒整理，就會出現過多的泡沫、溫度也會變得太高而無法製作成光滑的亮面。

組合裝飾

34 將烤好的蛋糕體直放，將表面的那一面朝上、放在白報紙上方。

35 用抹刀將「焦糖巧克力奶油」在蛋糕體上塗抹均勻。

36 再抹上「熱帶水果焦糖醬」，塗抹上去的厚度要平均。

37 捲起蛋糕捲（參考p.20）

38 將白報紙兩側收口，放進冰箱冷藏30～60分鐘以維持蛋糕捲形狀。

39 要開始使用焦糖糖霜淋面之前，再用手持均質機打勻以避免結塊。

40 將焦糖糖霜降溫到27°C之後，淋在冰過的蛋糕捲上。

41 將蛋糕捲靜置，直到焦糖糖霜不再滴落為止，最後擺上食用金箔裝飾即可。

榛果摩卡蛋糕捲

HAZELNUT MOCHA ROLL CAKE

提到「蛋糕捲」，可能會立刻聯想到「簡單的蛋糕體加上奶油及內餡」。
這款蛋糕捲就是我為了擺脫一般「簡單」的刻板印象而開發出來的！
舒芙蕾蛋糕體本身極具魅力、擁有獨特的綿密濕潤口感，我也想賦予蛋糕捲這種魅力。
在我們店裡販售的榛果摩卡飲品是濃郁的咖啡、榛果香、奶泡和巧克力的融合，
我想將榛果摩卡飲品以蛋糕的形式呈現出來，所以我在奶油和蛋白霜中添加了義式濃
縮咖啡，也用蛋白霜來呈現「奶泡」的感覺。微苦的奶油詮釋出成熟大人的氣息。
剛開始吃的時候味道微苦，吃進嘴裡甜蜜的滋味就化開了。
這款蛋糕捲非常多采多姿，融合了微苦、甜蜜的滋味，以及具有嚼勁又清爽的口感！

| RECIPE POINT
重點 | ◆ 要正確理解熟麵糰的糊化 |
| | ◆ 將義式咖啡蛋白霜與鮮奶油混合時，濃度要掌握合
宜，不要太稀 |

INGREDIENTS 材料	**榛果舒芙蕾蛋糕體** 無鹽奶油 45g・牛奶 A 10g・低筋麵粉 50g・ 可可粉 10g・即溶榛果咖啡粉 5g・玉米粉 5g・ 雞蛋 1 顆 40g・蛋黃 75g・牛奶 B 65g・蛋白 140g・砂糖 70g
	義式咖啡蛋白霜*（以下為 2 倍分量-量如果太少，糖 漿很難煮滾，因此要增加到 2 倍分量） 蛋白 40g・砂糖 A 20g・義式濃縮咖啡 32g・ 砂糖 B 60g
	榛果咖啡奶油 牛奶 10g・即溶榛果咖啡粉 5g・ 甘露咖啡利口酒 5g・鮮奶油 200g・ 馬斯卡彭起司 50g・砂糖 20g,
	裝飾奶油 鮮奶油 70g・義式咖啡蛋白霜* 80g・
	其他 黑巧克力（CACAO BARRY block dark 55%）・可可粉

| AMOUNT
分量 | 直角烤盤 一個（長38cm×寬28cm×高5cm） |

榛果舒芙蕾蛋糕體

1

2

3

4

5

6

7

8

9

RECIPE 步驟

榛果舒芙蕾蛋糕體

1　將無鹽奶油和牛奶A放進鍋中加熱。

2　將鍋子加熱又移開火源，重複此動作幾次，即可順利融化奶油。
　　tip. 牛奶的量很少，為了避免牛奶蒸發掉，建議要重複幾次「將鍋子加
　　　　熱又移開」的動作。

3　關火後，倒入過篩的低筋麵粉、可可粉、即溶榛果咖啡粉和玉米
　　粉，再使用攪拌器攪拌。

4　開始凝結成一團時即可關火，然後用刮刀搓揉麵糊30秒左右，使
　　麵糊糊化。

5　將鍋中的內容物倒進攪拌盆中，降溫至微溫的狀態。

6　先將整顆蛋打勻再和75g蛋黃液一起打勻，並分2、3次倒入攪拌盆
　　中，以低速持續攪拌。

7　將加熱至80°C的牛奶B倒入攪拌盆中，用攪拌器攪拌均勻。

8　攪拌至毫無結塊的柔順狀態即可結束。

9　拿出另外一個攪拌盆，加入蛋白並打發成蛋白霜。

10

11

12

13

14

15

16

17

義式咖啡蛋白霜

18

10　打發到氣泡呈現「啤酒泡沫」狀時,再將1/3的砂糖放進攪拌盆裡攪拌。

11　等拿起攪拌機時,蛋白霜尾端出現「長長的角」的形狀時,就可以再將剩餘砂糖的一半倒入打發。

12　等拿起攪拌機時,蛋白霜尾端呈現「短短的角」的挺立狀態時,再將剩餘的砂糖全數倒入。

13　將步驟8的內容物倒入,用攪拌器輕輕的攪拌均勻。

14　攪拌到某種程度時,將攪拌器更換成刮刀,攪拌至看不見蛋白霜為止。

15　將麵糊倒入鋪了烤盤紙的烤盤中。
　　tip. 倒麵糊時,只要集中倒在烤盤中央即可。

16　使用刮板將麵糊鋪平。

17　放入預熱到180°C 的烤箱裡烤15分鐘,當輕按蛋糕表面會回彈即可取出。

義式咖啡蛋白霜

18　將冰過的蛋白放進攪拌盆中,打發到氣泡呈現「啤酒泡沫」狀。

19

20

21

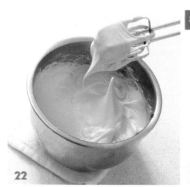

22

榛果咖啡奶油

23

24-1

24-2

25-1

25-2

19　將砂糖A分次倒入，持續打發直到蛋白霜出現明顯且挺立的「角」。

20　將義式濃縮咖啡和砂糖B倒進鍋中，加熱到116～118°C。

21　將步驟**20**的內容物慢慢倒入步驟**19**的鍋中，一邊以「中速—高速」攪拌。

22　打發至整體呈現綿密厚實的狀態即可。

榛果咖啡奶油

23　拿一個小碗，倒入冰過的牛奶、即溶榛果咖啡粉和甘露咖啡利口酒進去攪拌。

24　將鮮奶油、馬斯卡彭起司、砂糖倒進攪拌盆中，持續打發至呈現柔順的霜淇淋狀態。

25　將步驟**23**的內容物倒入攪拌盆，持續打發至厚實有光澤的狀態即可完成。

26

27

28

組合裝飾

29

30

31

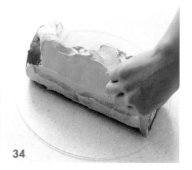

32

33

34

装飾奶油

26 將鮮奶油倒入攪拌盆中，持續打發至整體呈現厚實挺立的狀態。

27 將冰過的義式咖啡蛋白霜倒進攪拌盆中，使用攪拌器垂直往下敲打攪拌。

28 使用刮刀攪拌出細緻的大理石紋路。
tip. 注意不要過度攪拌到出水。

組合裝飾

29 將烤好的蛋糕體直放，將表面的那一面朝上、放在白報紙上方。

30 使用抹刀將榛果咖啡奶油均勻塗抹於蛋糕體上。

31 捲起蛋糕捲（參考p.20）

32 將白報紙二側收口後把蛋糕捲冰進冰箱裡30～60分鐘，以維持形狀。

33 將蛋糕捲取出，移除白報紙，裝飾奶油全都放在蛋糕捲上。

34 使用L型抹刀（彎曲抹刀）將蛋糕捲的兩側修整好。

35-1

35-2

36-2

37

38

35 用抹刀將蛋糕捲表層自然地弄出奶油波紋。

36 使用「巧克力刨花器」將黑巧克力刨卷。

tip. 若巧克力塊太硬，就無法刨出漂亮的巧克力卷，甚至可能會一塊塊斷掉。可以將巧克力塊放進微波爐中稍微微波一下，或者等完全退冰後再開始刨卷。

37 將刨好的巧克力卷擺在蛋糕捲表面。

38 最後撒上可可粉即完成。

09

黑巧克力蛋糕捲

DARK CHOCOLATE ROLL CAKE

巧克力蛋糕是蛋糕店裡不可或缺的款式。正因巧克力是非常大眾化的口味，我便加了巧克力糖霜，做出變化增添高級感。在濕潤蛋糕捲的表面，擺上閃閃發亮的食用金箔點綴也非常適合。使用黑巧克力來製作，不僅可以享受到濃郁的可可香味，與深色的巧克力糖霜更是絕配。比起一般常見的巧克力蛋糕捲，這款蛋糕捲更濃醇、更具高級感。也可以加入櫻桃、草莓或蔓越莓當作內餡，吃起來絕對令人驚豔！若你在尋找一款口感厚實的濃郁巧克力蛋糕捲，請一定要嘗試看看這個食譜喔！

♦ 巧克力和鮮奶油的溫度要搭配得宜，才能製成巧克
　力香緹鮮奶油

♦ 在製作巧克力糖霜時，儘量不要出現氣泡

INGREDIENTS
材料

巧克力蛋糕體
蛋黃 130g・砂糖A 40g・蛋白 170g・
砂糖 B 70g・低筋麵粉 50g・可可粉 30g・
無鹽奶油 15g・牛奶 35g

巧克力香緹鮮奶油
鮮奶油 250g・
黑巧克力 （Felchlin Maracaibo Clasificado 65%）100g

巧克力糖霜
水 30g・鮮奶油 80g・砂糖 120g・
糖稀（飴糖）10g・可可粉 30g・
吉利丁（明膠粉） 5g（混合25g的水之後再使用）

其他
食用金箔

AMOUNT
分量

直角烤盤 一個（長38cm×寬28cm×高5cm）

巧克力蛋糕體

RECIPE 步驟

巧克力蛋糕體

1 將蛋黃和砂糖A放進攪拌盆，用裝滿熱水的隔水加熱鍋，慢速加熱
攪拌到攪拌盆的溫度升至37～42° C。

   tip. 蛋黃較難單獨打發，要透過隔水加熱提高溫度，才方便後續作業。

2 將攪拌盆從隔水加熱鍋裡取出。以攪拌機高速攪拌至挺立的狀態、
顏色呈現接近淡淡的乳黃色。

3 拿出另一個攪拌盆。將冰過的蛋白加進去打發成蛋白霜。

   tip. 砂糖的分量不多。因此，要先將蛋白冰過，才能製作出穩定細緻的
   蛋白霜。建議要使用剛冰過的蛋白。

4 打發到氣泡呈現「啤酒泡沫」狀時，再將1/3的砂糖B放進攪拌盆
裡攪拌。

5 等拿起攪拌機時，蛋白霜尾端出現「長長的角」的形狀時，就可
以再將剩餘砂糖B的一半倒入攪拌。

6 攪拌到拿起攪拌棒時，蛋白霜尾端呈現「短短的角」的挺立狀態
時，再將剩餘的砂糖B全數倒入。繼續攪拌至呈現厚實緊密的狀態
即可。

   tip. 牛奶、奶油、可可粉的量都滿大的。因此，要將步驟**2**的蛋黃麵
   糊、步驟**6**的蛋白霜全都製作成挺立的狀態，才方便後續作業。

7 將步驟**6**的1/2倒入步驟**2**的攪拌盆裡，用刮刀攪拌三次左右、攪
拌出大理石紋路。

8 將過篩後的低筋麵粉、可可粉加進攪拌盆中，充分攪拌至無粉末
殘留。

9 將步驟**6**剩餘的蛋白霜全都倒進攪拌盆中，並攪拌出大理石紋路。

巧克力香緹鮮奶油

巧克力糖霜

10 將加熱到50°C的牛奶和融化的奶油放入攪拌盆裡攪拌。

tip. 若牛奶和奶油沉澱到底部，就很難攪拌均勻。此時可以使用刮刀由下往上快速翻攪。

11 攪拌至蛋白霜完全融入麵糊中，呈現出光澤感的麵糊。

12 將烤盤紙鋪在烤模裡，然後倒入麵糊。接著使用刮板將麵糊整理得平整。

tip. 倒麵糊時，只要集中倒在烤盤中央即可。

13 放進預熱到180°C的烤箱裡烤12～15分鐘，當輕按蛋糕表面會回彈即可取出。

tip. 烤出來的蛋糕體表面沒有沾黏、呈現鬆軟有彈性的狀態即是全熟。

巧克力香緹鮮奶油

14 將鮮奶油放進攪拌盆中，打發至呈現霜淇淋的狀態。

tip. 鮮奶油的溫度要調整到10°C以上再跟巧克力混合，巧克力才不會凝固。

15 將加熱到65°C的融化黑巧克力加入攪拌盆中攪拌。

tip. 巧克力的溫度很高，所以在倒巧克力時，要先使用攪拌器攪拌，再用刮刀收尾。若過度摩擦會導致奶油產生過多的泡沫，請多加留意。先將烤好的蛋糕體放涼，在捲起蛋糕捲之前再抹上巧克力香緹鮮奶油。因為若將香緹鮮奶油放置於室溫下容易會產生分離現象，冰起來又會立刻凝固。

巧克力糖霜

16 將水、鮮奶油、砂糖和糖稀加進鍋中，加熱至鍋裡煮滾。

17 倒入裝了可可粉的攪拌盆中。

tip. 若是將可可粉倒入液體材料中，可可粉很容易結塊、不容易過篩。

18 用攪拌器將可可粉攪拌均勻。

組合裝飾

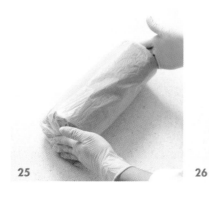

19 將步驟 **18** 的攪拌盆再次移到鍋子上，加熱至103°C。

20 事先將水和吉利丁（明膠粉）混合均勻，再倒入鍋裡攪拌。

tip. 吉利丁（明膠粉）在超過80℃以上的高溫下無法發揮機能，請將溫度降至80℃以下時倒入。

21 將內容物過篩。

tip. 糖霜製作好後，建議不要立刻使用，可以將糖霜靜置一天左右再使用，這樣黏度才會最剛好。

組合裝飾

22 將烤好的蛋糕體直放，將內側的那一面露出、放在烘焙紙上方。倒入巧克力香緹鮮奶油。

23 使用抹刀將巧克力香緹鮮奶油塗抹均勻。

tip. 若塗抹太久，巧克力香緹鮮奶油的質地會變得粗糙，請儘快作業。

24 捲起蛋糕捲（參考p.20）

25 將白報紙二側收口後把巧克力蛋糕捲冰在冰箱30～60分鐘。

26 使用巧克力糖霜之前，先用攪拌棒拌勻一次，溫度調整至27°C。

27 蛋糕捲取出，移除白報紙，將巧克力糖霜淋在冰過的蛋糕捲上，等糖霜凝固後，再放上食用金箔裝飾即可完成。

10

提拉米蘇蛋糕捲

TIRAMISU ROLL CAKE

「提拉米蘇蛋糕捲」是我在蛋糕捲高級班的課程內容中最常製作的品項，同時也是人氣最旺的品項。提拉米蘇蛋糕捲不僅是非常大眾化的商品，對於經營蛋糕店的人而言，製作起來也很容易，所以很受歡迎。因為製作起來很容易、也方便切塊，如果蛋糕展示櫃有空間需要填滿，緊急製作一個提拉米蘇蛋糕捲是最適合的！奶油的形狀很容易維持，即使一製作好就將蛋糕切片，蛋糕的形狀也不會變形。我喜歡添加滿滿的糖漿、奶油比重比蛋糕體更多的提拉米蘇蛋糕捲。為了讓咖啡香滿溢出來，我刻意將蛋糕體製作得薄一點，將奶油和糖漿的量增添得很豐富。希望這款蛋糕捲能常常出現在在蛋糕點的展示櫃或家中，也推薦將這款蛋糕捲當作禮物來送人。

◆ 蛋糕體的麵糊量不多，請將麵糊均勻鋪於烤盤

◆ 將咖啡糖漿均勻滿滿地塗抹於蛋糕體上

◆ 製作出柔順的馬斯卡彭乳酪奶油、不過度攪拌

INGREDIENTS
材料

提拉米蘇蛋糕體
整顆雞蛋3個 120g・砂糖A 40g・蛋白 80g・
砂糖B 45g・低筋麵粉 55g・可可粉 20g・
無鹽奶油 25g

馬斯卡彭乳酪奶油*
馬斯卡彭乳酪 180g・砂糖 42g・鮮奶油 300g

咖啡奶油
馬斯卡彭乳酪奶油* 240g・即溶咖啡粉 2.5g・
水 4g・甘露咖啡利口酒 5g

咖啡糖漿
濃縮咖啡 82g・砂糖 30g・甘露咖啡利口酒 20g・
咖啡萃取物 8g

其他
可可粉

AMOUNT
分量

直角烤盤 一個（長38cm×寬28cm×高5cm）

提拉米蘇蛋糕體

1

2

3

4

5

6

7

8

9

RECIPE 步驟

提拉米蘇蛋糕體

1   將整顆雞蛋3個和砂糖A加入攪拌盆中,以高速攪拌。

2   以攪拌機高速攪拌至顏色呈現很淡的乳黃色,舉起攪拌器、麵糊
     滴落時有明顯的痕跡。
     tip. 因為放入的是整顆雞蛋而非蛋黃,很快就會打出泡沫。要打出淡乳
       黃色的泡沫,在混合可可粉時來製作麵糊時,麵糊才不會沉澱。

3   拿出另一個攪拌盆。將冰過的蛋白加進去打發。
     tip. 蛋白霜完成時必須要呈現綿密厚實的挺立狀態。請使用冰過的蛋白
       來打發。

4   打發到氣泡呈現「啤酒泡沫」狀時,再將1/3的砂糖B也加進攪拌
     盆裡攪拌。

5   等拿起攪拌機時,蛋白霜尾端出現「長長的角」的形狀時,就可
     以再將剩餘的砂糖B的一半倒進去攪拌。

6   等拿起攪拌機時,蛋白霜尾端呈現「短短的角」的挺立狀態時,
     再將剩餘的砂糖B全數倒入。

7   攪拌至呈現有光澤的厚實狀態即可結束。

8   將步驟7內容物的一部分倒入步驟2的攪拌盆中,攪拌出現大理石
     紋路。

9   將過篩後的低筋麵粉、可可粉加進攪拌盆中快速攪拌。

馬斯卡彭乳酪奶油

咖啡奶油

10　將步驟**7**剩餘的內容物倒入，攪拌出大理石紋路。

11　將加熱到60° C的融化奶油加入攪拌盆中攪拌。

12　將烤盤紙鋪在烤模裡，然後倒入麵糊。使用刮板將麵糊整理得平整。

13　放進預熱到180° C的烤箱裡烤12分鐘，當輕按蛋糕表面會回彈即可取出。

馬斯卡彭乳酪奶油

14　將馬斯卡彭乳酪和砂糖放進攪拌盆中攪拌。

　　tip. 若覺得馬斯卡彭乳酪的價格太高、有點負擔的話，可以將馬斯卡彭乳酪的1/3分量，用Kiri奶油乳酪來替代。若有1/3的分量使用Kiri奶油乳酪，可以先將Kiri奶油乳酪打散，再將馬斯卡彭乳酪和砂糖加進去打發。

15　將一半的鮮奶油也放進去打發。

16　將剩餘的鮮奶油全都加進攪拌盆中，打發至柔順的狀態即可收尾。

　　tip. 馬斯卡彭乳酪是用鮮奶油製成的鮮乳酪，脂肪含量比起一般的乳酪奶油更加豐富。若放置在室溫下或過度摩擦時會出現分離現象，導致質地變得粗糙，請多加留意。

咖啡奶油

17　將即溶咖啡粉、水和甘露咖啡利口酒均勻攪拌後冷藏起來。再將製作好的馬斯卡彭乳酪奶油（240g）和冰過且攪拌好的即溶咖啡粉、水和甘露咖啡利口酒加入攪拌盆中打發。

　　tip. 按照個人口味，也可將即溶咖啡粉的量減少成2g以降低苦味。

18　將咖啡奶油打發至顏色變得均一且柔順狀態即可收尾。

組合裝飾

19

20

21

22

23

24

25

26

組合裝飾

19 將烤好的蛋糕體直放，將表面的那一面朝上、放在白報紙上方。

20 抹上咖啡糖漿。

tip. 將砂糖倒入熱的濃縮咖啡中，待砂糖溶化後，再將甘露咖啡利口酒
和咖啡萃取物倒進去攪拌均勻。若家裡沒有濃縮咖啡，也可以將2
包即溶咖啡粉（mix espresso）加水後使用。

21 將馬斯卡彭乳酪奶油塗抹在一半的蛋糕體上，使用抹刀抹勻。

tip. 請保留蛋糕體表面上可以裝飾的空間（約兩個刮刀的空間）。

22 將蛋糕體剩餘的空間均勻抹上咖啡奶油。

23 捲起蛋糕捲（參考p.20）。

24 將剩餘的馬斯卡彭乳酪奶油擠在蛋糕體表層。

25 使用L型抹刀（彎曲抹刀）將馬斯卡彭乳酪奶油直直推平。

26 最後撒上可可粉即可。

tip. 可可粉會隨著時間被奶油吸收。因此，建議在食用之前或在蛋糕賣
出的時候，再灑上可可粉。

達克瓦茲【分層全圖解】

★第一本達克瓦茲（Dacquoise）專書，讓你一次就學會新手也不失敗的關鍵細節！

★從法國風靡到日本，甜點名店年賣數十萬個的法式經典甜點，自家廚房就能實現！

★甜點新寵～外脆內軟的蛋糕體＋柔滑細膩的奶油餡，一口咬下就愛上的迷人滋味！

作　　者：張恩英
出版社：台灣廣廈

磅蛋糕【剖面全圖解】

★巧兒灶咖Ciao!Kitchen巧兒、我可是生活家娜塔、黑手甜點阿南，各界好評推薦！

★當源於英國的樸實美味甜點，遇上突破自我不設限的甜點師，激發出烘焙的無限可能，顛覆你對磅蛋糕的想像！

★從入門的不同口感蛋糕體，到進階的豐富內餡和創意分層一次學會！

作　　者：張恩英
出版社：台灣廣廈

奶油霜抹面蛋糕

★第一本「蛋糕抹面」主題專書

★蛋糕設計師獨創的裝飾手法，首度公開！

★用一種奶油霜，變化出17款風格抹面，將蛋糕設計師的思路躍然紙上，讓不論是具備基礎，還是初次接觸的人，都能在本書中，感受「奶油霜抹面蛋糕」的無限可能。

作　　者：艾霖
出版社：台灣廣廈

愛。司康

★奧地利寶盒，睽違兩年的「家庭烘焙」之作，50帖司康手札，應允純粹與滋味，帶你同享暖度十足，樸實且豐富的司康烘焙之樂。

★無論偏愛甜蜜潤澤，還是鹹辣辛香，抑或希望滿足無糖、無蛋、無奶的需求，《愛。司康》一書，帶給你不同以往的「司康經歷」，為你找到一個又一個，不容抗拒的，愛上司康的理由。

作　者：奧地利寶盒（傅寶玉）
出版社：台灣廣廈

質感甜點層層解構【立體剖面全圖解】

★什麼是質感甜點？
德國IBA世界甜點大賽金牌得主的彭浩主廚這樣說：剖面，是味道的設計，同時也是吃的順序！做甜點最重要的就是要能在心中反覆思考層層結構該如何定義？這樣才能在製作過程中，把外型、風味與質地做到最優！

作　者：彭浩、開平青年發展基金會
出版社：台灣廣廈

焦糖甜點全圖鑑

★Ying C.一匙甜點舀巴黎主理人－陳穎、厭世甜點店主持人－拿拿摳、WUnique主廚－吳宗剛、Ciao!Kitchen巧兒灶咖、甜點架式主廚－Jasmine，聯合推薦！

★用手作焦糖獨一無有的風味與多變性，打造風靡歐美日韓的焦糖系甜點！

★韓國新沙洞人氣甜點店「Maman Gateau」的招牌甜點製法大公開！

作　者：皮允娅
出版社：台灣廣廈

台灣廣廈 國際出版集團
Taiwan Mansion International Group

國家圖書館出版品預行編目（CIP）資料

職人級蛋糕捲(技法全圖解)：零基礎也學得會！從口味配方、烘焙技法、到
組合裝飾，一次學會「蛋糕體綿密濕潤」、「奶油霜濃郁滑順」的高級感美味
甜點/朴祉賢著. -- 初版. -- 新北市：臺灣廣廈有聲圖書有限公司, 2022.05
　　面；　　公分
　　ISBN 978-986-130-538-7(平裝)
　　1.CST: 點心食譜

427.16　　　　　　　　　　　　　　　　　　　111002173

職人級蛋糕捲【技法全圖解】

零基礎也學得會！從口味配方、烘焙技法、到組合裝飾，一次學會「蛋糕體綿密濕潤」、「奶油霜濃郁滑順」的高級感美味甜點

作　　者／朴祉賢
譯　　者／余映萱

編輯中心編輯長／張秀環
編輯／陳宜鈴
封面設計／林珈仔・內頁排版／菩薩蠻數位文化有限公司
製版・印刷・裝訂／皇甫・秉成

行企研發中心總監／陳冠蒨
媒體公關組／陳柔彣
綜合業務組／何欣穎

線上學習中心總監／陳冠蒨
產品企製組／黃雅鈴

發　行　人／江媛珍
法律顧問／第一國際法律事務所 余淑杏律師・北辰著作權事務所 蕭雄淋律師
出　　版／台灣廣廈
發　　行／台灣廣廈有聲圖書有限公司
　　　　　地址：新北市235中和區中山路二段359巷7號2樓
　　　　　電話：(886)2-2225-5777・傳真：(886)2-2225-8052

代理印務・全球總經銷／知遠文化事業有限公司
　　　　　地址：新北市222深坑區北深路三段155巷25號5樓
　　　　　電話：(886)2-2664-8800・傳真：(886)2-2664-8801
郵政劃撥／劃撥帳號：18836722
　　　　　劃撥戶名：知遠文化事業有限公司（※單次購書金額未達1000元，請另付70元郵資。）

■出版日期：2022年05月
ISBN：978-986-130-538-7　　　版權所有，未經同意不得重製、轉載、翻印。